T0194680

essentials

essentials liefern aktuelles Wissen in konzentrierter Form. Die Essenz dessen, worauf es als „State-of-the-Art“ in der gegenwärtigen Fachdiskussion oder in der Praxis ankommt. *essentials* informieren schnell, unkompliziert und verständlich

- als Einführung in ein aktuelles Thema aus Ihrem Fachgebiet
- als Einstieg in ein für Sie noch unbekanntes Themenfeld
- als Einblick, um zum Thema mitreden zu können

Die Bücher in elektronischer und gedruckter Form bringen das Expertenwissen von Springer-Fachautoren kompakt zur Darstellung. Sie sind besonders für die Nutzung als eBook auf Tablet-PCs, eBook-Readern und Smartphones geeignet. essentials: Wissensbausteine aus den Wirtschafts-, Sozial- und Geisteswissenschaften, aus Technik und Naturwissenschaften sowie aus Medizin, Psychologie und Gesundheitsberufen. Von renommierten Autoren aller Springer-Verlagsmarken.

Weitere Bände in der Reihe http://www.springer.com/series/13088

Helmut Günther

Das Zwillingsparadoxon

Helmut Günther
Berlin, Deutschland

ISSN 2197-6708 ISSN 2197-6716 (electronic)
essentials
ISBN 978-3-658-31461-3 ISBN 978-3-658-31462-0 (eBook)
https://doi.org/10.1007/978-3-658-31462-0

Die Deutsche Nationalbibliothek verzeichnet diese Publikation in der Deutschen Nationalbibliografie; detaillierte bibliografische Daten sind im Internet über http://dnb.d-nb.de abrufbar.

Planung/Lektorat : Margit Maly
Springer Spektrum ist ein Imprint der eingetragenen Gesellschaft Springer Fachmedien Wiesbaden GmbH und ist ein Teil von Springer Nature.
Die Anschrift der Gesellschaft ist: Abraham-Lincoln-Str. 46, 65189 Wiesbaden, Germany

Was Sie in diesem *essential* finden können

- Wir beschreiben Ereignisse in Raum und Zeit
- Wir fragen nach dem Gang einer bewegten Uhr
- Formulierung des Zwillingsparadoxons
- Aufklärung des Paradoxons durch eine einfache Ungleichung
- Wir geben eine einfache Herleitung für die Spezielle Relativitätstheorie
- Wir berechnen den Uhrenvergleich der Zwillinge im Formalismus der Speziellen Relativitätstheorie
- Wir geben Hinweise auf Experimente

Vorwort

Zu Beginn des vorigen Jahrhunderts machte A. Einstein eine der erstaunlichsten Bemerkungen in der Physikgeschichte, nämlich, dass die klassische Physik nur dann richtig wäre, „...wenn man wüsste, dass der Bewegungszustand einer Uhr ohne Einfluss auf ihren Gang sei". Im Ergebnis daraus entstand seine Spezielle Relativitätstheorie (SRT), die mit einem Umbruch der gesamten Physik einherging. Auf die experimentelle Bestätigung dieser merkwürdigen Eigenschaft von Uhren musste Einstein vierunddreißig Jahre warten. Heute kann man das Gesetz, nach dem tatsächlich der Zeiger einer bewegten Uhr zurückbleibt, in Präzisionsexperimenten mit atemberaubender Genauigkeit nachweisen. Wir gehen darauf in Kap. 7 ein.

An Anfeindungen gegen Einsteins Theorie hat es nicht gefehlt. Mit immer neuen Gedankenkonstruktionen sollte die Theorie zu Fall gebracht werden. Das berühmteste Beispiel ist das sog. Zwillingsparadoxon.

Unser sog. gesunder Menschenverstand geht nirgends so schmählich in die Brüche wie gerade bei dieser Zwillingsgeschichte.

Wenn man eines sicher zu wissen glaubt, dann doch wohl, dass Zwillinge unbeschadet ihres Lebenswandels immer zur selben Zeit Geburtstag haben. Und doch ist das so nicht richtig.

Wenn die bewegte Uhr nachgeht, ist für jeden der beiden Zwillinge, die sich mit einer konstanten Geschwindigkeit voneinander entfernen sollen, die Uhr des anderen bewegt und der andere folglich der jüngere. Und das bleibt so, wenn sie sich wieder aufeinander zu bewegen, womit wir geradezu in das Paradoxon hineingestolpert sind.

Wir wollen hier zunächst darstellen, dass man für die Formulierung und Aufklärung des Zwillingsparadoxons nicht einmal die ganze Relativitätstheorie braucht, sondern nur den Teil, der das Nachgehen bewegter Uhren beschreibt, vgl. Kap. 2, 3 und 5.

In Kap. 6 geben wir eine einfache und anschauliche Herleitung der Speziellen Relativitätstheorie, ohne Einsteins Prinzip von der universellen Konstanz der Lichtgeschwindigkeit bemühen zu müssen. Damit berechnen wir anschließend die Zwillingsgeschichte und müssen uns dafür, um vermeintlichen Widersprüchen zu entgehen, sorgfältig mit dem Begriff der Gleichzeitigkeit auseinandersetzen.

Frau Margit Maly vom Verlagshaus Springer Wiesbaden danke ich sehr für hilfreiche Hinweise und Korrekturen zum Manuskript.

Für die Überlassung ihrer Bilder sowie geduldige technische Hilfen zur Fertigstellung des Manuskriptes möchte ich meiner Frau Christina Günther ganz herzlich danken.

Berlin
im August 2020

Helmut Günther

Die Originalversion des Buchs wurde revidiert. Ein Erratum ist verfügbar unter https://doi.org/10.1007/978-3-658-31462-0_8

Inhaltsverzeichnis

1 Bezugssysteme – Positionen in Raum und Zeit

Wir beschreiben eine Position $P(x_o, y_o, z_o)$ im Raum durch die Projektionen auf die drei zueinander senkrechten Koordinatenachsen, Abb. 1.1, also z. B. die drei zueinander orthogonalen Geraden, die von einer Ecke meines Laboratoriums, meines Bezugssystems, ausgehen.

Hierbei machen wir allerdings eine Einschränkung. Wir wollen nur solche Bezugssysteme zulassen, in denen die Gleichungen der Physik besonders einfach sind, in denen ein Körper, der keinen äußeren Kräften ausgesetzt ist, in Ruhe oder gleichförmiger Bewegung bleibt. Das sind die sog. Inertialsysteme, vgl. Lange (1885). Sehen wir uns z. B. einen Beobachter auf einem Drehschemel an, s. Abb. 1.3. Der stellt fest, dass die Masse auf dem Schreibtisch um ihn eine drehende Bewegung ausführt, ohne dass eine Kraft auf sie einwirkt. Nun, dem Beobachter auf dem Drehschemel wird nach einiger Zeit schlecht. Solche drehenden Bewegungen wollen wir als Bezugssysteme ausschließen, also, wenn wir sehr genau messen, auch die Drehung der Erde, die sich in jedem Labor mit dem berühmten Foucaultschen Pendel nachweisen lässt, s. z. B. Günther (2013). Ein ideales Inertialsystem gibt es nicht. Wohl aber bildet unser Fixsternhimmel eine ausgezeichnete Näherung, s. Abb. 1.2, und wir wollen im folgenden so tun, als würden wir in einem solchen Inertialsystem operieren und dieses Σ_o nennen.

Ein Ereignis E ist durch die Position $P(x_o, y_o, z_o)$, wo es stattfindet und durch die Zeit t_o, wann es stattfindet, definiert. Um die Zeit t_o für ein Ereignis $E(x_o, y_o, z_o, t_o)$ festzustellen, brauche ich eine Uhr U auf meinem Schreibtisch, Abb. 1.4.

Die Originalversion dieses Kapitels wurde revidiert. Ein Erratum ist verfügbar unter https://doi.org/10.1007/978-3-658-31462-0_8

H. Günther, *Das Zwillingsparadoxon*, essentials,
https://doi.org/10.1007/978-3-658-31462-0_1

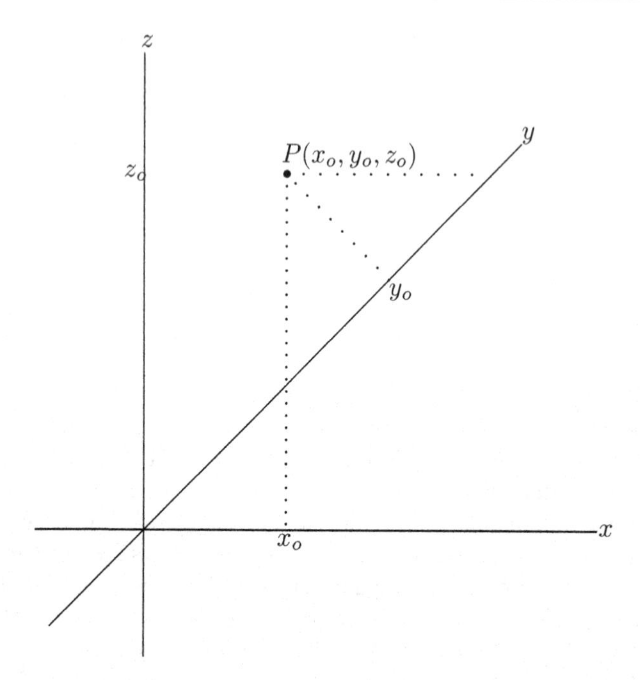

Abb. 1.1 Die kartesischen Koordinaten eines Punktes P sind die senkrechten Projektionen auf die Achsen

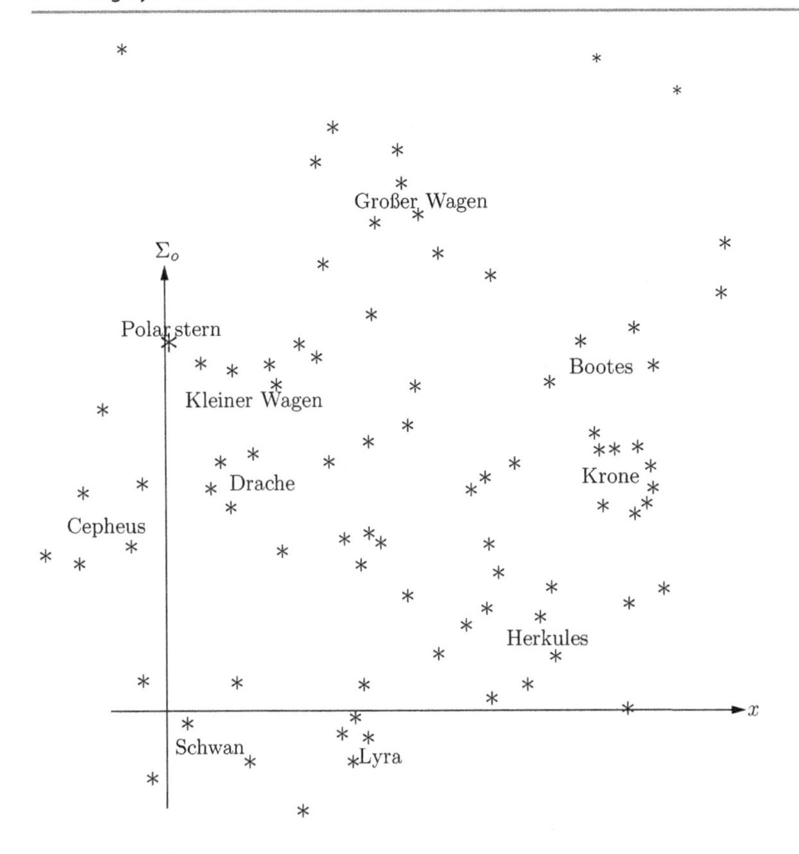

Abb. 1.2 Die seit Jahrtausenden zueinander unveränderten Positionen der Fixsterne unserer Milchstraße definieren ein Bezugssystem, das wir hier mit Σ_o bezeichnen

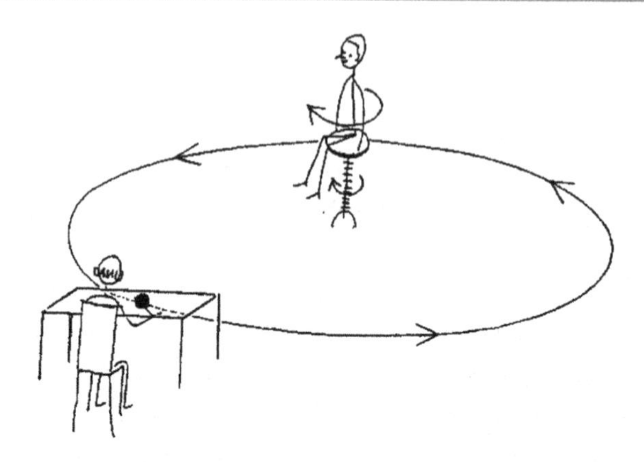

Abb. 1.3 Beobachter am Schreibtisch und Beobachter auf dem Drehschemel. (Nach einer Arbeit von Christina Günther)

Abb. 1.4 Mit einer Uhr auf meinem Schreibtisch messe ich die Zeit eines Ereignisses

2 Einsteins ‚Experimentum Crucis' – Feynmans Lichtuhr

Die Geschichte der Speziellen Relativitätstheorie war in ihren Anfängen geprägt durch die fieberhafte Suche nach einem Äther, dem Medium, in welchem sich das Licht ebenso ausbreiten sollte wie der Schall durch die Luft. Das Schlüsselexperiment nach einer Idee von J. C. Maxwell, das zum Nachweis dieses Äthers führen sollte, war der berühmte Michelson-Versuch, bei welchem man Lichtwellen derart zur Überlagerung brachte, dass bei einer Drehung der Apparatur eine Änderung des Interferenzbildes entstehen musste, wenn es denn ein Übertragungsmedium geben würde. Wo auch immer der Versuch durchgeführt wurde, ob 1881 in Potsdam-Babelsberg – der interessierte Leser kann auch heute noch dort eine Führung durch den historischen Michelson-Keller vereinbaren – oder auch noch viel später 1929 am Mt. Wilson-Observatorium in Kalifornien, es konnte niemals auch nur der geringste Hauch eines Äthers festgestellt werden.

Mit seiner spektakulären Lösung des Problem durch das Postulat von der universellen Konstanz der Lichtgeschwindigkeit durch Einstein (1905) reduzierte sich der vermeintliche Äther auf nichts anderes als unseren physikalischen Raum, in welchem wir beobachten und messen. Und die Erklärung des unverändert bleibenden Interferenzbildes bestand nun darin, dass ein bewegter Stab seine Länge ändert. Wenngleich die Hypothese einer solchen Kontraktion bereits auf FitzGerald (1889) und Lorentz (1892) zurückgeht, die experimentellen Anstrengungen, um doch noch diesen Äther aufzuspüren, sollten nicht abreißen. Im April 1921 verkündete D. C. Miller vom Mt. Wilson-Observatorium die sensationelle Meldung von einem Nachweis dieses Äthers, wodurch mit einem Schlag Einsteins ganze Theorie ad absurdum geführt würde.

Für eine kritische Auseinandersetzung mit den Millerschen Experimenten und dem vermeintlichen Nachweis eines Äthers s. Roberts (2006).

Berühmt geworden dazu ist Einsteins Kommentar, „Raffiniert ist der Herrgott, aber boshaft ist er nicht," dem er später die wunderbare Bemerkung hinzugefügt

H. Günther, *Das Zwillingsparadoxon*, essentials,
https://doi.org/10.1007/978-3-658-31462-0_2

hat, „Die Natur verbirgt ihr Geheimnis durch die Erhabenheit ihres Wesens, aber nicht durch List." So unerschütterlich war Einsteins Überzeugung von seiner SRT.

Die Zeit ist das Mysterium unseres Lebens und hat noch immer die großen Denker auf den Plan gerufen. Daher erregen physikalische Aussagen dazu in besonderem Maße unsere Aufmerksamkeit. Und so legte denn auch Einstein mit der im Vorwort zitierten Bemerkung, „...wenn man wüsste, dass der Bewegungszustand einer Uhr ohne Einfluss auf ihren Gang sei", von Anfang an den Finger auf die Wunde unseres sog. gesunden Menschenverstandes.

Während die Lorentz-Kontraktion die Physiker schon lange vor der Einsteinschen Begründung der SRT beschäftigte, musste die zweite ihrer kinematischen Konsequenzen, nämlich die Verzögerung des Ganges einer bewegte Uhr 34 Jahre auf ihre experimentelle Bestätigung warten. Einstein nannte es das Experimentum Crucis seiner Speziellen Relativitätstheorie und machte das ganze Schicksal dieser Theorie davon abhängig. Die berühmten Experimente von Ives und Stilwell wurde 1938/1839 zunächst immer noch mit dem Ziel unternommen, Einsteins SRT zu widerlegen. Dagegen waren die erfolgreichen Experimente von Otting (1939) von vornherein auf die Bestätigung der Zeitdilatation angelegt. Auf einige Experimente gehen wir in Kap. 7 ein.

Auf R. Feynman (1963) geht ein Gedankenexperiment zurück, das uns beide Effekte liefert, sowohl die Gangverzögerung einer bewegten Uhr als auch in der Konsequenz die Kontraktion einer bewegten Länge.

Zwischen zwei Spiegeln S_1 und S_2, die sich in einem fixierten Abstand l_o zueinander befinden, läuft ein Lichtsignal hin und her. Die Anzahl der an dem Spiegel S_1 eintreffenden Lichtsignale wird gezählt und durch die Stellung eines Zeigers dargestellt. Diese Anordnung heißt Lichtuhr, und wir betrachten zunächst den Fall, dass diese Uhr im System Σ_o ruht, s. Abb. 2.1. Die Zeit zwischen zwei bei S_1 eintreffenden Signalen sei die Schwingungsdauer T_o, also mit der Lichtgeschwindigkeit c in unserem Inertialsystem Σ_o

$$T_o = \frac{2l_o}{c}. \qquad \text{Schwingungsdauer einer in } \Sigma_o \text{ ruhenden Lichtuhr} \qquad (2.1)$$

Im Teil a) von Abb. 2.1 läuft das Lichtsignal in der x-Richtung. Im Teil b) von Abb. 2.1 betrachten wir zusätzlich die ursprünglich von Feynman diskutierte Lichtuhr, bei welcher das Lichtsignal in der y-Richtung hin und her läuft, was erst dann ins Gewicht fallen wird, wenn wir beide Uhren in der x-Richtung in Bewegung setzen werden.

Wir betrachten nun die Bewegung der beiden Lichtuhren in x-Richtung.

Zunächst soll sich die in Abb. 2.1a) dargestellte Uhr U_o in x-Richtung bewegen. Die Uhr U_o ruht also in einem System Σ', das in Bezug auf Σ_o die Geschwindigkeit v in x-Richtung besitzt, s. Abb. 2.2. Wir berechnen die Schwingungsdauer T_v der nun in Bezug auf Σ_o bewegten Lichtuhr.

Dazu lassen wir hier die prinzipielle Möglichkeit zu, dass der Beobachter in Σ_o für die bewegte Anordnung einen Abstand l_v zwischen den Spiegeln feststellt, von dem wir nicht von vornherein annehmen, dass er mit dem Abstand l_o derselben, in Σ_o ruhenden Anordnung, identisch ist. Wir nehmen aber auch nicht die Lorentz-Kontraktion an.

Von Σ_o aus betrachtet, läuft das vom Spiegel S_1 emittierte Lichtsignal mit der Geschwindigkeit c in Richtung auf den Spiegel S_2. Der Beobachter in Σ_o sieht aber auch, dass sich der Spiegel von der Front der Lichtwelle mit der Geschwindigkeit v entfernt. Folglich überwindet das Licht die Entfernung zwischen den beiden Spiegeln mit einer Geschwindigkeit $c - v$ und braucht dafür eine Zeit T_{12} gemäß

$$T_{12} = \frac{l_v}{c - v}.$$

Das Signal wird am Spiegel S_2 reflektiert. Der Beobachter sieht in Σ_o wieder, dass das Lichtsignal, von S_2 kommend, sich nun mit der Lichtgeschwindigkeit c

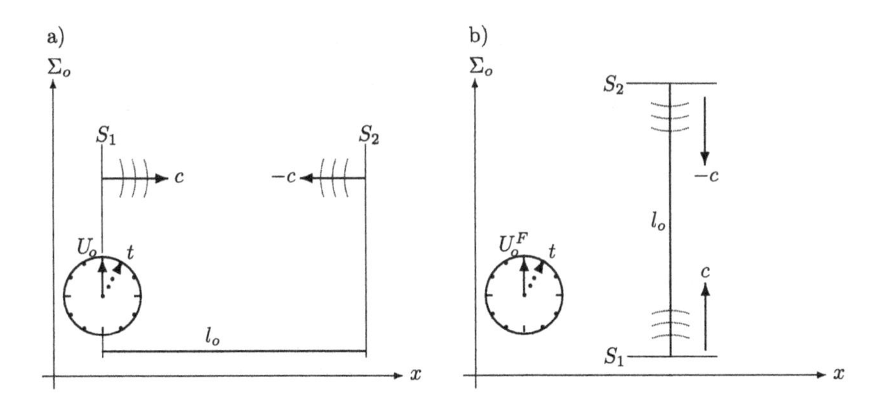

Abb. 2.1 a) Die Lichtuhr U_o mit dem Abstand l_o zwischen den Spiegeln S_1 und S_2 ruht im System Σ_o. Die Lichtausbreitung erfolgt entlang der x-Richtung. Die Periode beträgt $T_o = 2l_o/c$. b) Für Feynmans Lichtuhr U_o^F mit der Lichtausbreitung entlang der y-Richtung wird wegen der Isotropie der Lichtausbreitung in Σ_o dieselbe Periode $T_o^F = 2l_o/c$ gemessen, wenn die Uhr ebenfalls im System Σ_o ruht

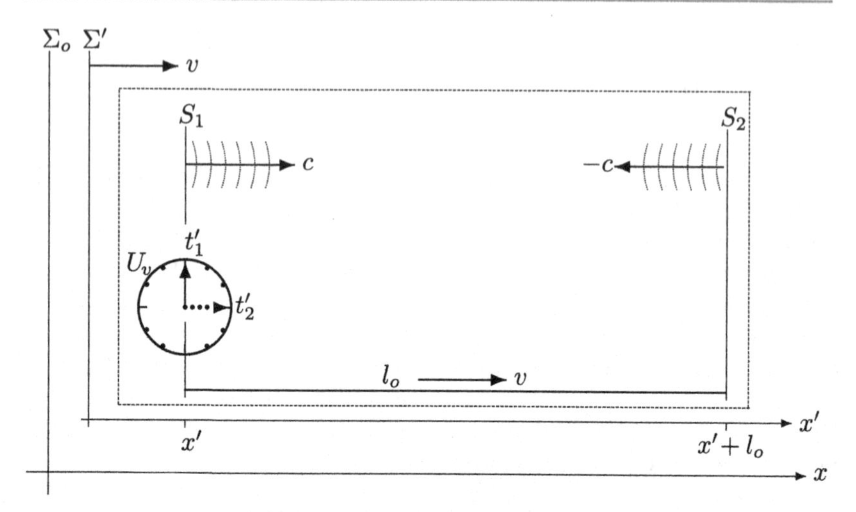

Abb. 2.2 Die bewegte Lichtuhr U_v. Der eingerahmte Bereich, die Strecke l_o mit den Spiegeln S_1 und S_2, ruht nun im System Σ', das in Bezug auf Σ_o die Geschwindigkeit v in x-Richtung besitzt. Die Zeigerstellung t' zählt die zwischen S_1 und S_2 hin und her reflektierten Lichtsignale. Im Text haben wir diese Zeigerstellung t_v genannt. Als Zeitkoordinate in Σ' schreiben wir hier wieder $t' \equiv t_v$

in Richtung auf den Spiegel S_1 zu bewegt. Dieser entfernt sich nun aber der Front der Lichtwelle mit der Geschwindigkeit v, so dass das Licht auf dem Rückweg die Entfernung zwischen den beiden Spiegeln mit einer Geschwindigkeit $c + v$ überwindet und dafür die Zeit T_{21} braucht gemäß

$$T_{21} = \frac{l_v}{c+v}.$$

Die Schwingungsdauer T_v der jetzt in Bezug auf Σ_o bewegten Lichtuhr beträgt also $(T_{12} + T_{21})$ und damit

$$\begin{aligned} T_v &= \frac{l_v}{c-v} + \frac{l_v}{c+v} = l_v \frac{c+v+c-v}{(c-v)(c+v)} \\ &= \frac{2\,l_v}{c} \frac{c^2}{c^2 - v^2}, \end{aligned}$$

so dass

$$T_v = \frac{2l_v}{c}\,\frac{1}{1 - v^2/c^2}. \qquad \text{Schwingungsdauer der in } \Sigma_o \text{ bewegten Lichtuhr } U_v \tag{2.2}$$

Den Zusammenhang zwischen der Schwingungsdauer T_o einer in Σ_o ruhenden Lichtuhr und ihrer Schwingungsdauer T_v bei ihrer Bewegung mit der Geschwindigkeit v in Bezug auf Σ_o finden wir aus der Diskussion der von Feynman diskutierten Lichtuhr, bei welcher das Lichtsignal in der y-Richtung hin und her geschickt wird. Zur Berechnung der Periode T_v^F von Feynmans Lichtuhr U_v^F, die jetzt wie die Uhr U_v in einem System Σ' ruht, betrachten wir Abb. 2.3.

Aus dem rechtwinkligen Dreieck OS_2H finden wir

$$\left(\frac{c\,T_v^F}{2}\right)^2 = \left(\frac{v\,T_v^F}{2}\right)^2 + l_o^2,$$

$$\frac{\left(T_v^F\right)^2}{4}\,(c^2 - v^2) = l_o^2,$$

$$\left(T_v^F\right)^2 = \frac{4\,l_o^2}{c^2 - v^2} = \frac{4\,l_o^2}{c^2}\,\frac{1}{1 - v^2/c^2}, \quad \text{also}$$

$$T_v^F = \frac{2\,l_o}{c}\,\frac{1}{\sqrt{1 - v^2/c^2}}. \tag{2.3}$$

Beachten wir hier Gl. (2.1), dann machen wir die bemerkenswerte Beobachtung, dass die Schwingungsdauer T_v^F der bewegten Feynmanschen Lichtuhr in Abhängigkeit von ihrer Geschwindigkeit größer ist als ihre Schwingungsdauer T_o im Ruhezustand. Mit unserem physikalischen Weltbild wäre es unvereinbar, wenn wir verschiedene Gesetze für verschiedene Uhren hätten. Für eine bewegte Uhr mit der Schwingungsdauer T_v postulieren wir also

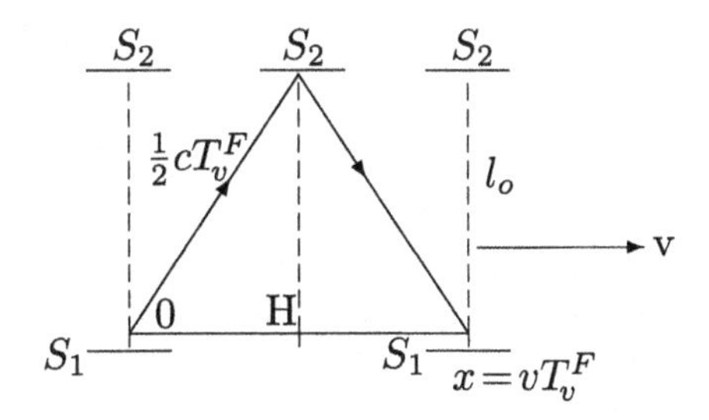

Abb. 2.3 Schematische Darstellung zur Berechnung der Schwingungsdauer von Feynmans bewegter Lichtuhr U_v^F

$$T_v = \frac{T_o}{\sqrt{1 - v^2/c^2}}. \qquad \text{Schwingungsdauer } T_v \text{ der in } \Sigma_o \text{ bewegten Lichtuhr } U_v \tag{2.4}$$

Die Zeigerstellung t_v der bewegten Uhr bleibt gegenüber den entsprechenden Zeigerstellungen t_o der ruhenden Uhr zurück,

$$t_v = t_o \sqrt{1 - v^2/c^2}. \tag{2.5}$$

Dieser Effekt heißt Zeitdilatation und ist heute in zahlreichen Experimenten mit extrem guter Genauigkeit bestätigt, z. B. durch Champeney et al. (1965), Farley et al. (1966), (1968), s. dazu Kap. 7 und Abb. 7.2.

Mit unserer Annahme, dass sich alle Uhren U_o und U_v ebenso verhalten wie die Feynmanschen Uhren, folgt aus (2.2) und (2.3) dann

$$\frac{2l_v}{c} \frac{1}{1 - v^2/c^2} = \frac{2l_o}{c} \frac{1}{\sqrt{1 - v^2/c^2}}$$

und damit

$$l_v = l_o \sqrt{1 - v^2/c^2}. \qquad \text{Länge } l_v \text{ eines in } \Sigma_o \text{ bewegten Stabes} \tag{2.6}$$

Der Abstand zwischen den Spiegeln, die z. B. auf einer Eisenstange fest montiert sind, muss also im Fall der Bewegung mit der Geschwindigkeit v im Bezugssystem Σ_o eine kleinere Länge l_v haben, verglichen mit diesem Abstand l_o im Ruhezustand.

Wir bezeichnen zur Abkürzung die Wurzel mit k (mit := für Definition),

$$k := \sqrt{1 - v^2/c^2}. \tag{2.7}$$

und benutzen für den reziproken Wert die heute übliche Bezeichnung γ,

$$\gamma := \frac{1}{\sqrt{1 - v^2/c^2}}. \tag{2.8}$$

Mit den Gl. (2.4)–(2.6) haben wir gemäß Einstein (1921) „den von Konventionen freien physikalischen Inhalt" der Speziellen Relativitätstheorie gefunden. Wir werden sehen, dass uns dann zur expliziten Formulierung der SRT nur noch eine Vereinbarung über die *Definition der Gleichzeitigkeit* fehlt.

Unsere Begründung für die Spezielle Relativitätstheorie ist der traditionellen Einsteinschen Prozedur äquivalent aber von dieser grundverschieden: Wir verlassen uns allein auf die experimentellen Aussagen (2.4) und (2.6) in einem einzigen Bezugssystem, nämlich Σ_o, und vervollständigen die Theorie in Abschn.6.4 dann durch eine Definition der Gleichzeitigkeit, Günther (2013).

Die Aussagen von Einsteins Spezieller Relativitätstheorie sind ein eklatanter Bruch mit unseren gewohnten Vorstellungen.

Die mitunter hartnäckigen Zweifel an der physikalischen Realität der Verkürzung der Länge eines bewegtes Stabes, ob nun aus Holz oder Eisen, und des Zurückbleibens des Zeigers einer bewegten Uhr, ob nun eine Armbanduhr mit einer traditionellen Unruh oder moderner mit einer Mikrozelle, können wir ganz anschaulich durch die Verhältnisse im Festkörper ausräumen.

In den Gitterstrukturen von Kristallen sind dort, wo Gitterebenen im Innern enden, Störungslinien, welche innere Spannungen verursachen, Seeger (1949), Kröner (1958), Hehl und Kröner (1965). Diese weisen lokalisierte Änderungen ihres normalerweise geradlinigen Verlaufes auf, sog. Kinken. Durch die geometrische Ausdehnung dieser Kinken wird im Kristal eine Länge l_o ausgewiesen. Man kann nun nachrechnen, dass sich diese Kinken nur dadurch im Kristall fortbewegen können, indem ihre bewegte Länge l_v im Verhältnis zur Ruhlänge l_o gerade einer Lorentz-Kontraktion (2.6) unterliegt, hier nun aber nicht mit der Lichtgeschwindigkeit, sondern mit einer Geschwindigkeit, die in der Größenordnung der Schallausbreitung im Kristall liegt. Ferner gibt es Störungslinien, sog. breather, die nur dadurch im Kristall existieren können, indem sie mit einer bestimmten Frequenz schwingen und folglich eine Schwingungsdauer T_o definieren. Wenn sich diese breather mit einer Geschwindigkeit v durch den Kristall bewegen, dann geht das nur dadurch, dass sie langsamer schwingen, wobei die Schwingungsdauer T_v nun über eine Gl. (2.4) mit T_o zusammenhängt. Damit verfügen wir über ein reales Modell von relativistischen Eigenschaften, vgl. hierzu Günther (1996), (2020).

Das Zwillingsparadoxon 3

Wenn schon die Längenkontraktion (2.6) unaufhörlich Widersacher auf den Plan gerufen hat, so scheint die Realität der Änderung des Ganges einer bewegten Uhr nun vollends absurd. Und es hat nicht an Versuchen gefehlt, hieraus Widersprüche zu konstruieren, die die ganze SRT dann ad absurdum führen sollten. Das berühmteste Beispiel dafür ist das sog. Zwillingsparadoxon.

Hierbei geht es um folgenden Streit:

Ein Zwillingspaar, s. Abb. 3.1 sagen wir Zwilling A und Bruder B, gehen auf Reisen. Genauer, Bruder B möge in einem Bezugssystem Σ_o ruhen und Zwilling A in einem System Σ', und zwar so, dass sich A mit der konstanten Geschwindigkeit v von B und umgekehrt B mit der konstanten Geschwindigkeit $-v$ von A entfernt.[2]

Bei ihrer Verabschiedung am gemeinsamen Koordinatenursprung stehen die persönlichen Uhren, die jeder von ihnen bei sich trägt, die Uhr U^A von Zwilling A und die Uhr U^B von Bruder B, gerade auf der Stellung 0.

Vergleicht nun Bruder B die Uhr U^A von Zwilling A mit den Uhren U_o^x, die an den Positionen x seines Bezugssystems Σ_o ruhen, so stellt er wegen der Zeitdilatation (2.5) fest, dass der Zeiger der Uhr U^A gegenüber den Zeigerstellungen derjenigen Uhren U_o^x zurückbleibt, an denen U^A gerade vorbeikommt, Abb. 3.2.

Zwilling A argumentiert aber ebenso. Auch er stellt gemäß (2.5) fest, dass der Zeiger der Uhr U^B von Bruder B gegenüber den Zeigerstellungen derjenigen Uhren $U_v^{x'}$, die an den Positionen x' seines Bezugssystems Σ' ruhen, zurück-

[1]In Abschn. 6.3 werden wir sehen, dass dies eine bestimmte Definition der Gleichzeitigkeit impliziert.

Die Originalversion dieses Kapitels wurde revidiert. Ein Erratum ist verfügbar unter https://doi.org/10.1007/978-3-658-31462-0_8

H. Günther, *Das Zwillingsparadoxon*, essentials,
https://doi.org/10.1007/978-3-658-31462-0_3

Abb. 3.1 Die Zwillinge vor dem Beginn ihrer Reise. (Nach einer Arbeit von Christina Günther)

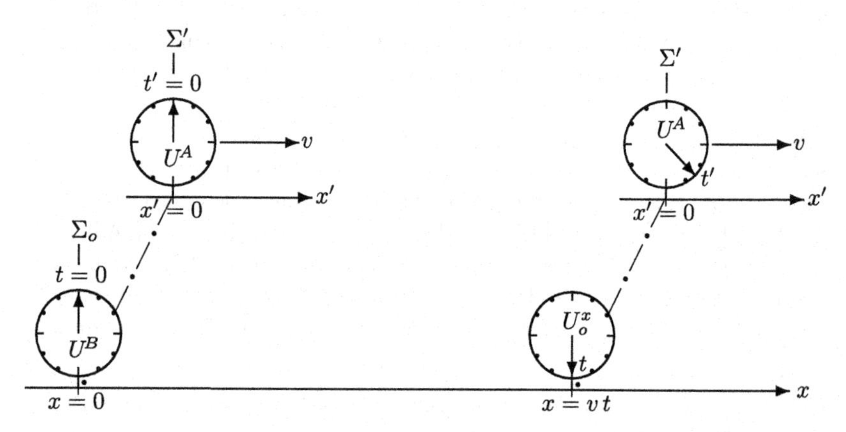

Abb. 3.2 Zwilling A befindet sich mit seiner Uhr U^A zu der in Σ_o gemessenen Zeit t an der Position $x = v\,t$. Wegen (2.5) wird auf der relativ zu Σ_o bewegten Uhr U^A die Zeigerstellung $t' = t\sqrt{1 - v^2/c^2}$ abgelesen. Nehmen wir z. B. eine Geschwindigkeit $v = \frac{2}{3}\,c$ an, dann wird $t' \approx 22,4$ für $t = 30$. Die strichpunktierten Linien verbinden im Folgenden stets Punkte im Bild, die zu demselben Ereignis gehören

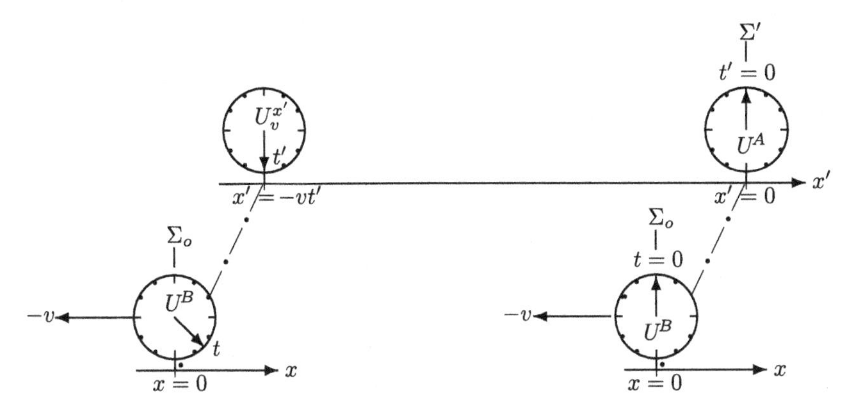

Abb. 3.3 Bruder B befindet sich mit seiner Uhr U^B zur Zeit t' in Σ' an der Position $x' = -v\,t'$. Jetzt ist U^B die bewegte Uhr und zwar relativ zu Σ'. Gemäß (2.5) gilt in diesem Fall $t = t'\sqrt{1 - v^2/c^2}$. Also wird z. B. bei $v = -\frac{2}{3}c$ auf der in Σ' bewegten Uhr U^B die Zeit $t \approx 22,4$ abgelesen, während die dort ruhende Uhr $t' = 30$ anzeigt. Die strichpunktierten Linien verbinden dieselben Raum-Zeit-Punkte

bleibt, an denen U^B gerade vorbeikommt, und zwar um denselben Faktor, weil die Zeitdilatation nur vom Quadrat der Geschwindigkeit abhängt, Abb. 3.3.

Dies ist wohl höchst merkwürdig. Ein wirklich paradoxes Ergebnis können wir indessen darin nicht sehen, da hier verschiedene Uhren miteinander verglichen werden. Ein logischer Widerspruch lässt sich daraus nicht herleiten.

Jetzt möge Zwilling A umkehren oder Bruder B seinem Zwilling A hinterherfahren, so dass sich jeder aus der Sicht des anderen auf seinen Zwilling zu bewegt. Wieder argumentieren beide, dass die Zeiger auf den persönlichen Uhren des jeweils anderen wegen der oben beschriebenen Zeitdilatation weiter zurückbleiben, so dass sich die beispielsweise in Abb. 3.2 und Abb. 3.3 berechneten Effekte verdoppeln sollten.[3]

Beim Zusammentreffen sagt also Bruder B, der Zeiger auf der Uhr U^A von Zwilling A sei hinter dem Zeiger auf seiner Uhr U^B zurückgeblieben, während Zwilling A behauptet, sein Zeiger müsse aus demselben Grunde weiter vorgerückt sein als der Zeiger auf der Uhr U^B.

Ein Zeiger auf zwei verschiedenen Stellungen – das wäre paradox!

[3] Wir bemerken noch: Die Änderung einer Geschwindigkeit impliziert eine Beschleunigungsphase, die bei der Auswertung von tatsächlichen Experimenten berücksichtigt werden muss, vgl. Günther (2013). Indem wir die Reisedauer beliebig groß annehmen, kann dieser Effekt, relativ gesehen, beliebig klein gehalten werden und wird daher hier vernachlässigt.

Auflösung durch eine einfache Ungleichung 4

Hier wie auch im folgenden Kap. 5 berufen wir uns allein auf Feynmans Gesetz (2.5) vom Nachgehen einer bewegten Uhr.

Zur Schlichtung rufen die beiden Zwillinge einen Unparteiischen an, (Abb. 4.1).

Der sagt zu Bruder B, der besonders laut schreit: Nun, dann mach Dich auf den Weg und zeig's ihm.

Was passiert?

Bei ihrer Verabschiedung wurden die Zeiger auf den Uhren der Zwillinge beide auf 0 gestellt.

Zwilling A befindet sich die ganze Zeit in einem System Σ', das sich mit der Geschwindigkeit v in Bezug auf Σ_o bewegt. In Σ_o werde für die Dauer der Zwillingsgeschichte die Zeit t_Z gemessen, also die Zeit, nach der die Zwillinge, von Σ_o aus beobachtet, wieder zusammentreffen. Wegen der Zeitdilatation (2.5) gilt also für die Zeigerstellung der Uhr von Zwilling A beim Zusammentreffen,

$$t_A = t_Z/\gamma_v = t_Z \cdot k_v \tag{4.1}$$

(mit einer Indizierung gemäß den Geschwindigkeiten unter der Wurzel (2.7) bzw. (2.8).)

Bruder B möge bis zu einer Zeit t_u in Σ_o ruhen, so dass der Zeiger seiner Uhr um diese Zeit t_u vorrückt. Wir beobachten nun in Σ_o, dass Bruder B zur Zeit t_u in ein System Σ'' umsteigt, welches eine Geschwindigkeit u in Bezug auf Σ_o besitzt. Diese Geschwindigkeit u sei so gewählt, dass er genau zur Zeit t_Z seinen Zwillingsbruder A eingeholt hat. Wegen der Zeitdilatation rückt dann der Zeiger

Die Originalversion dieses Kapitels wurde revidiert. Ein Erratum ist verfügbar unter https://doi.org/10.1007/978-3-658-31462-0_8

H. Günther, *Das Zwillingsparadoxon*, essentials,
https://doi.org/10.1007/978-3-658-31462-0_4

Abb. 4.1 Der Schiedsrichter. (Nach einer Arbeit von Christina Günther)

seiner Uhr bis zum Zusammentreffen noch einmal um $(t_Z - t_u)\, k_u$ vor und steht also am Ende auf

$$t_B = t_u + (t_Z - t_u)\, k_u. \tag{4.2}$$

Wir zeigen nun

$$t_B < t_A \tag{4.3}$$

für einen beliebigen Umsteigezeitpunkt t_u, der nur so gewählt sein muss, dass Bruder B mit einer Geschwindigkeit $u < c$ zur Zeit t_Z bei A ankommt.

Vorausgesetzt ist also nur

$$0 < v < u < c. \tag{4.4}$$

Derselbe Weg $v\, t_Z$, den Zwilling A in Σ_o zurücklegt, muss von Bruder B in der Zeit $t_Z - t_u$ geschafft werden, also $u\,(t_Z - t_u) = v\, t_Z$, und damit

$$t_Z = \frac{u}{u - v}\, t_u. \tag{4.5}$$

Die behauptete Ungleichung (4.3) lautet wegen (4.1), (4.2) und (4.5)

$$t_B = \left[1 + \frac{v}{u-v}\, k_u\right] t_u < \left[\frac{u}{u-v}\, k_v\right] t_u = t_A. \tag{4.6}$$

Unter Beachtung von (4.4) rechnen wir nach, dass dies aus der Ungleichung zwischen dem geometrischen und dem arithmetischen Mittelwert beliebiger positiver Geschwindigkeiten u und v geschlossen werden kann:

$$\sqrt{u\,v} < \frac{u+v}{2}. \tag{4.7}$$

Es folgt:

$$\begin{aligned}
2uv &< u^2 + v^2,\\
2c^2uv &< c^2(u^2+v^2),\\
-u^2c^2 - v^2c^2 &< -2c^2uv,\\
c^4 - u^2c^2 - v^2c^2 + u^2v^2 &< c^4 - 2c^2uv + u^2v^2,\\
(c^2-v^2)(c^2-u^2) &< (c^2-uv)^2,\\
c^2\sqrt{1-\frac{v^2}{c^2}}\sqrt{1-\frac{u^2}{c^2}} &< c^2 - uv,\\
2uv\sqrt{1-\frac{v^2}{c^2}}\sqrt{1-\frac{u^2}{c^2}} &< 2uv - \frac{2u^2v^2}{c^2},\\
2uvk_vk_u &< 2uv - \frac{2u^2v^2}{c^2},\\
-2uv &< -\frac{2u^2v^2}{c^2} - 2uvk_vk_u,\\
u^2 - 2uv + v^2 &< u^2 - \frac{u^2v^2}{c^2} + v^2 - \frac{u^2v^2}{c^2} - 2uvk_vk_u,\\
(u-v)^2 &< (uk_v - vk_u)^2,\\
u - v &< uk_v - vk_u,\\
\frac{u - v + v\,k_u}{u-v} &< \frac{u}{u-v}k_v,
\end{aligned}$$

und also

$$\boxed{1 + \frac{v}{u-v}\,k_u < \frac{u}{u-v}\,k_v, \qquad \text{Zwillingsungleichung}} \tag{4.8}$$

d. h., die behauptete Zwillingsungleichung (4.6) bzw. (4.3). Man sieht, dass auch im Grenzfall des spätesten Umsteigens mit $u \longrightarrow c$ und $k_u \longrightarrow 1$ die Ungleichung wegen $1 < \sqrt{(c+v)/(c-v)} = c\,k_v/(c-v)$ erfüllt bleibt:

$$t_B < t_A. \qquad \text{Der nacheilende Bruder B ist jünger geblieben} \tag{4.9}$$

Jünger bleibt in jedem Fall derjenige Zwilling, der das Bezugssystem wechselt, um zurückzukehren oder hinterherzueilen!	(4.10)

Wer rastet – rostet, s. Abb. 4.2a, b.

Die Zwillinge nach ihrer Reise.

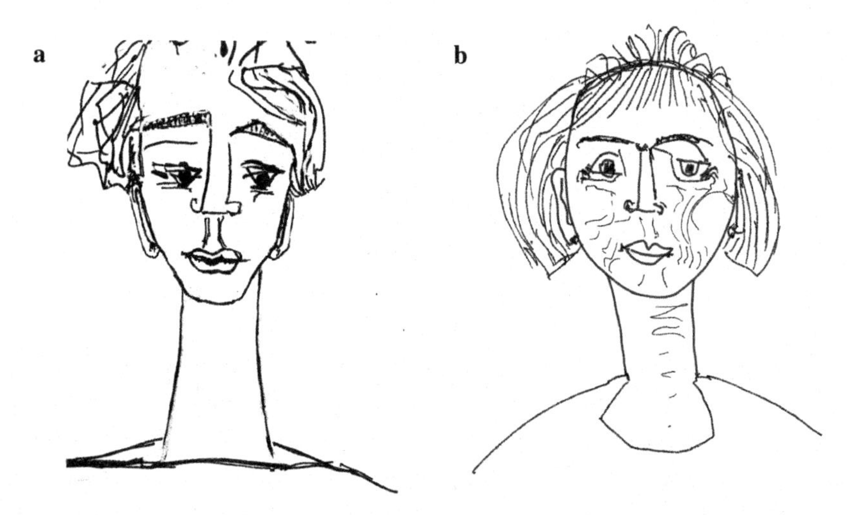

Abb. 4.2 **a**) Bruder B. b) Zwilling A. (Nach einer Arbeit von Christina Günther)

5 Die Zwillingsgeschichte bei absoluter Gleichzeitigkeit

Wir geben hier eine elementare Behandlung dieses Falles.

Bruder B kann das nicht glauben und denkt, dass vielleicht die Uhren nicht richtig eingestellt waren und will die Zeit selbst messen.

Entlang der x-Achse von Σ_o hat B seine Uhren aufgereiht. Damit wir diese Uhren synchron in Gang setzen können, brauchen wir in Σ_o eine Geschwindigkeit. Messtechnisch bietet sich die Lichtgeschwindigkeit an. Eine schematische Darstellung zu ihrer Bestimmung ist in Abb. 5.1 dargestellt. Für die Geschwindigkeit c der Photonen findet man

$$c = \frac{2l}{t_2 - t_1} \tag{5.1}$$

mit dem Ergebnis für den numerischen Wert der Lichtgeschwindigkeit c,

$$c = 299\,792\,458\,\mathrm{ms}^{-1}. \qquad \text{Vakuum-Lichtgeschwindigkeit in } \Sigma_o \tag{5.2}$$

So können wir nun alle Uhren in Σ_o synchronisieren, d. h. ‚zeitgleich anstellen', indem wir ein Lichtsignal vom Koordinatenursprung zur Zeit $t = 0$ zu einer Uhr am Ort x senden und diese um die Laufzeit x/c vorstellen.

Dann müssen im bewegten System Σ' die dort an den Positionen x' befindlichen Uhren, welche die Zeit t' anzeigen, eingestellt werden. Die einfachste Prozedur ist die folgende:

Wir stellen alle Uhren in Σ', wenn sie gerade an den Σ_o-Uhren vorbeigleiten, wenn diese gerade die Zeit $t = 0$ anzeigen ebenfalls auf die Stellung $t' = 0$, wie das in Abb. 5.2 dargestellt ist.

Damit haben wir eine *absolute Gleichzeitigkeit* eingeführt, worauf wir ausführlich noch einmal Abschn. 6.7 eingehen: Nun geht eine in Σ' ruhende Uhr gemäß

H. Günther, *Das Zwillingsparadoxon*, essentials,
https://doi.org/10.1007/978-3-658-31462-0_5

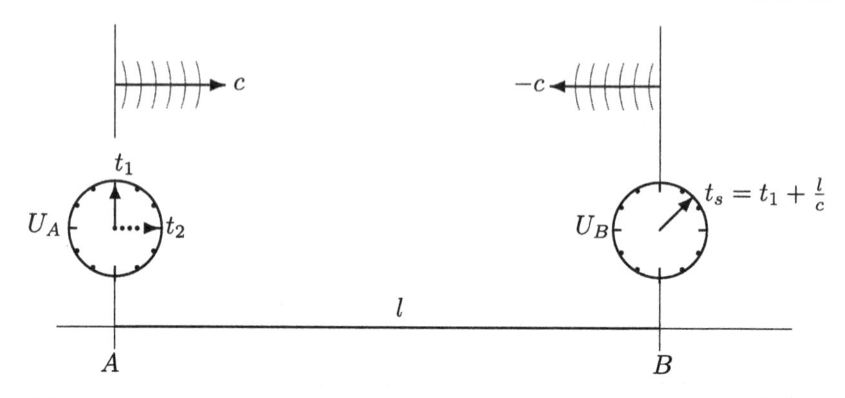

Abb. 5.1 Das zur Zeit t_1 ausgesandte Lichtsignal wird reflektiert und kommt zur Zeit t_2 zurück

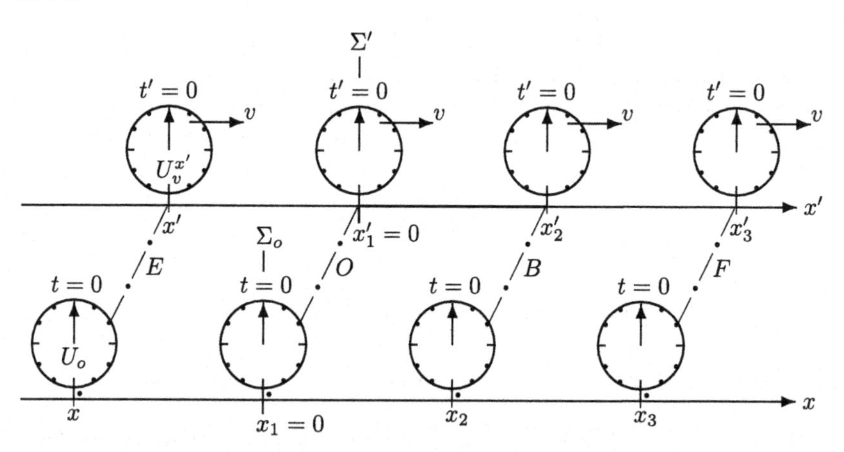

Abb. 5.2 Anstellen der Uhren in Σ_o und Σ'. Die strichpunktierten Linien verbinden Punkte im Bild, die ein und dasselbe Ereignis darstellen, hier die Ereignisse E, O, B und F

Gl. (2.5) gegenüber den Σ_o-Uhren, an denen sie vorbeigleitet, zwar nach, und umgekehrt eine in Σ_o ruhende Uhr, wenn sie an den Σ'-Uhren vorbeigleitet, wie wir wissen.

Aber es ist immer

$$\left.\begin{array}{r} t_1 = t_2 \quad \text{in } \Sigma_o \\ \text{genau dann, wenn} \\ t'_1 = t'_2 \quad \text{in } \Sigma'. \end{array}\right\} \qquad \text{Definition einer absoluten Gleichzeitigkeit} \tag{5.3}$$

Wenn sich also Bruder B gemäß Abb.(3.3) nach links bewegt, stellt er fest, dass die Stellung t von seinem Zeiger gegenüber den Zeigerstellungen t' der Uhren, an denen er vorbeigleitet, zurückbleibt nach Maßgabe der Zeitdilatation (2.5),

$$t = t' \cdot k_v = t'\sqrt{1 - v^2/c^2}, \quad \longleftrightarrow \quad t' = \frac{t}{k_v}. \tag{5.4}$$

Um diesen Zeitverlust wieder einzuholen, kehrt er um und eilt seinem Zwilling in einem Bezugssystem Σ'' mit einer Geschwindigkeit u hinterher, wobei $0 < v < u < c$, so dass er ihn einholen kann. Um dies so übersichtlich wie möglich zu gestalten, hat er veranlasst, dass auch die Uhren in Σ'' ebenso in Gang gesetzt wurden wie Σ' und Σ_o gemäß Abb. 5.2. Für die Zeigerstellung t'' seiner Uhr U^B in Σ'' gilt dann gegenüber den Zeigerstellungen t' der Uhren, an denen er in Σ' vorbeigleitet,

$$t'' = t' k_u, \quad \longleftrightarrow \quad t' = \frac{t''}{k_u}. \tag{5.5}$$

Wir schreiben für die auf der Uhr U^A von Zwilling A in Σ' abgelaufene Zeit vor dem Umsteigen von B $\Delta t_1'$ und für die Zeit nach dem Umsteigen $\Delta t_2'$, so dass auf der Uhr U^A insgesamt eine Zeit Δt abgelaufen ist gemäß

$$t_A = \Delta t' = \Delta t_1' + \Delta t_2'. \tag{5.6}$$

Gemäß (5.4) und (5.5) stellen dann beide Zwillingsbrüder übereinstimmend fest, dass auf der Uhr U^B von Bruder B eine Zeit t_B abläuft, indem wir in (5.4) die Zeitspannen Δt und $\Delta t'$ und in (5.5) Zeitspannen $\Delta t''$ und $\Delta t'$ schreiben, gemäß

$$t_B = \Delta t + \Delta t'' = \Delta t_1' \, k_v + \Delta t_2' \, k_u. \tag{5.7}$$

Über die daraus folgende Feststellung, nämlich aus dem Vergleich von (5.6) und (5.7),

$$t_B < t_A \tag{5.8}$$

und zwar für beliebiges u und v mit $0 < v < u < c$, gibt es keinen Streit.

Ein Paradoxon entsteht hier nicht.

Das Paradoxon im Formalismus der Speziellen Relativitätstheorie

6

Alle möglichen Konstellationen zum Zwillingsparadoxon lassen sich natürlich auch mathematisch auflösen, wenn wir die Umrechnung für die Koordinaten von Ereignissen in verschiedenen Bezugssystemen kennen. Wir werden sehen, dass wir uns dabei sorgfältig mit dem Begriff der Gleichzeitigkeit auseinandersetzen müssen.

Wir betrachten zwei Inertialsysteme, unser in Abb. 1.2 definiertes System Σ_o mit den Raum-Zeit-Koordinaten (x, t) und ein dazu gleichförmig bewegtes Σ' mit (x', t'). Die anderen beiden Raumrichtungen unterdrücken wir hier. Nur für das System Σ_o setzen wir voraus, dass dort die beiden Fundamentaleffekte der Zeitdilatation (2.4) und der Längenkontraktion (2.6) gemessen werden und machen uns mit dieser Axiomatik unabhängig von Einsteins Postulat der universellen Konstanz der Lichtgeschwindigkeit, vgl. Günther (2013) sowie Günther und Müller (2019), s. auch Ignatowski (1910).

Ein Ereignis beschreiben wir gemäß E(x, t) = E(x', t') und wollen herausfinden, wie die Koordinaten (x, t) und (x', t') miteinander zusammenhängen. Wir erinnern uns zunächst daran, was wir aus der klassischen Physik wissen, wo Längen und der Gang der Uhren unveränderlich sind. Hier gelten die anschaulichen Beziehungen, die sog. Galilei-Transformationen,

$$\left.\begin{aligned} &a)\; x' = x - v\,t, \\ &b)\; t' = t. \end{aligned}\right\} \qquad (6.1)$$

Die erste Gleichung beschreibt, dass ein in Σ' z. B. bei x'_o auf der x'-Achse ruhender Punkt in Σ_o die Geschwindigkeit v besitzt, dort also die Koordinaten $x_o - vt$ durch-

---

Die Originalversion dieses Kapitels wurde revidiert. Ein Erratum ist verfügbar unter https://doi.org/10.1007/978-3-658-31462-0_8

H. Günther, *Das Zwillingsparadoxon*, essentials,
https://doi.org/10.1007/978-3-658-31462-0_6

läuft. Und nach der zweiten Gleichung vergeht die Zeit absolut. Zwei Ereignisse sind nicht nur in Σ_o gleichzeitig, genau dann, wenn sie auch in Σ' gleichzeitig sind, sondern, alle Uhren in Σ_o und Σ' haben auch immer dieselbe Zeigerstellung $t' = t$.

Wir bemerken, die Zeit wird hier physikalisch gemessen und sollte nicht mit der absoluten Zeit nach I. Kant (1977) verwechselt werden, vgl. Günther (2013), Günther und Müller (2019).

Voraussetzung für eine Zeitmessung ist, dass sich an jedem Ort Uhren befinden. In Kap. 5 haben wir beschrieben, wie wir in Σ_o mithilfe von Lichtsignalen die Uhren in Gang setzen.

Wir gehen jetzt zur relativistischen Raum-Zeit über und suchen also eine Verallgemeinerung von Gl. (6.1) derart, dass für kleine Geschwindigkeiten, d. h. $v \ll c$, wieder (6.1) gilt. Auch hier könnten wir die Uhren in beiden Bezugssystemen gemäß der Abb. 5.2 in Gang setzen. Dann würde zwar, wie wir aus Kap. 3 wissen, die jeweils bewegte Uhr, verglichen mit den Uhren, an denen sie vorbeigleitet, nachgehen. Aber, wir hätten eine absolute Gleichzeitigkeit gemäß (5.3) eingeführt. Da die Gleichzeitigkeit eine Definition ist, wollen wir aber nicht von vornherein von einer absoluten Gleichzeitigkeit ausgehen, sondern deren geeignete Definition für die mathematische Gleichberechtigung aller Bezugssysteme ausnutzen.

Unter Berufung auf die in Kap. 2 gefundenen Hinweise auf die Zeitdilatation und Längenkontraktion in Σ_o gemäß (2.5) und (2.6) machen wir für den relativistischen Fall zur Umrechnung der Koordinaten einen Ansatz, der die klassische Umrechnung der Koordinaten (6.1) verallgemeinert,

$$\left.\begin{aligned} a)\, x' &= \Gamma \cdot (x - v\,t), \\ b)\, t' &= \theta\, x + q\, t. \end{aligned}\right\} \tag{6.2}$$

Die Koeffizienten Γ, θ und q müssen nun so gewählt werden, dass die Gl. (2.5), das Nachgehen einer bewegten Uhr, und (2.6), die Verkürzung eines bewegten Stabes in Σ_o – gemäß Einstein der von Konventionen freie physikalische Inhalt der SRT – eine Konsequenz von (6.2) werden.

Ersichtlich regelt θ die Definition der Gleichzeitigkeit: Für die Zeit $t = 0$ in Σ_o wird durch θ die Zeigerstellung t' derjenigen Uhr festgelegt, die gerade an der Position x vorbeikommt, s. z. B. den in Abb. 6.5 dargestellten Fall der Einsteinschen Gleichzeitigkeit. Wir machen darauf aufmerksam, dass der Wert für den Parameter q davon abhängt, welche Definition wir für θ gewählt haben (wenn wir (2.5) erfüllen wollen), vgl. die Gl. (6.15) und (6.55), während der Parameter Γ von θ unabhängig ist.

6.1 Bewegte und ruhende Maßstäbe

Ein Stab möge mit dem linken Endpunkt x_1' im Koordinatenursprung auf der x'-Achse eines Systems Σ' ruhen, so dass dort seine Ruhlänge l_o als die Koordinate seines rechten Endpunktes gemessen wird,

$x_1' = 0,\ x_2' = l_o.$

Von Σ_o aus beobachtet, bewegen sich die Endpunkte, also

$x_1 = x_1(t)$ und $x_2 = x_2(t)$.

Die in Σ_o gemessene Länge des mit der Geschwindigkeit v bewegten Stabes ist die Koordinatendifferenz seiner Endpunkte zur selben Zeit in Σ_o:

$l_v = x_2(t) - x_1(t).$

O. B. d. A. wählen wir $t = 0$ in Σ_o wie in Abb. 6.1 dargestellt.

$(x_1' = 0, t' = 0)$ in Σ' sowie $(x_1(0) = 0, t = 0)$ in Σ_o sind die Anfangsbedingung.

Der rechte Endpunkt besitzt voraussetzungsgemäß zu jeder Zeit t' in Σ' die Koordinate $x_2' = l_o$. Messen wir in Σ_o zur Zeit $t = 0$ für den rechten Endpunkt die Koordinate $x_2(0)$, dann gilt also wegen der Transformation $x' = \Gamma \cdot (x - v\,t)$ aus (6.2a) die Gleichung $l_o = \Gamma\, x_2(0)$.

Für die in Σ_o gleichzeitigen Positionen der Endpunkte des Stabes erhalten wir damit

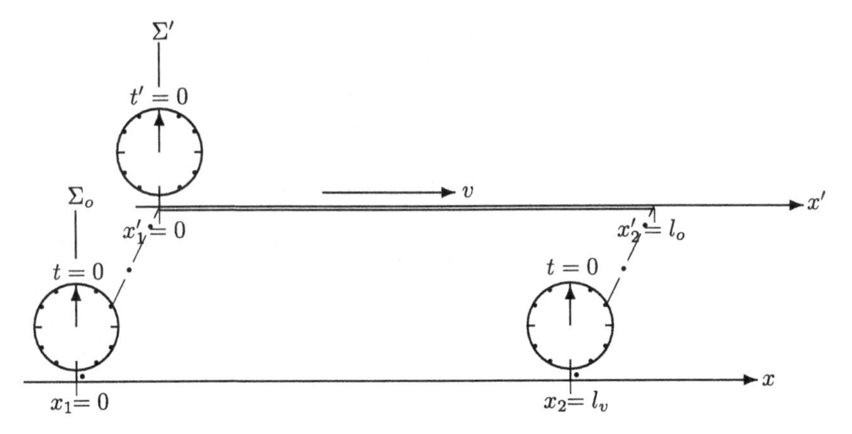

Abb. 6.1 Die Messung der Länge l_v eines bewegten Stabes (Erläuterungen im Text). Die strichpunktierten Linien verbinden wieder Punkte im Bild, die dasselbe Ereignis darstellen

$$\Sigma_o : t = 0, \quad \begin{matrix} x_1(0) = 0, \\ x_2(0) = \frac{l_o}{\Gamma}, \end{matrix} \quad \longrightarrow \quad \left. l_v = x_2(0) - x_1(0) = \frac{1}{\Gamma} l_o . \right\} \quad \begin{matrix} \text{Länge } l_v \\ \text{eines in } \Sigma_o \\ \text{bewegten} \\ \text{Stabes} \end{matrix} \tag{6.3}$$

Mit unserer Gl. (2.6) folgt sofort, dass der Koeffizient Γ mit der in (2.8) definierten Größe γ identisch ist, also

$$\Gamma = \gamma = \frac{1}{\sqrt{1 - v^2/c^2}} = \frac{l_o}{l_v}. \tag{6.4}$$

Die richtige Gl. (6.2a) haben wir damit bereits gefunden. Es gilt also erst einmal

$$a)\; x' = \frac{x - v\,t}{\sqrt{1 - v^2/c^2}}, \quad b)\; t' = \theta\; x + q\; t. \tag{6.5}$$

6.2 Bewegte und ruhende Uhren

Unter einer Uhr verstehen wir ein schwingungsfähiges System. Die Zeigerstellung, das ist die auf der Uhr abgelesene Zeit t, zählt die Anzahl ihrer Schwingungen.

Um Irritationen vorzubeugen, erklären wir zunächst folgendes:

Die in einem bestimmten Inertialsystem ruhenden Uhren sind alle geeicht, d. h., sie zeigen dieselbe Zeit t an. Die Anzahl der Schwingungen, die mit dem Vorrücken des Zeigers um Δt einhergeht, hängt natürlich von der Konstruktion der Uhr ab. Festgesetzt ist: Das Zeitintervall von $\Delta t = 1\,\text{s}$ erfordert 9 192 631 770 Schwingungen einer bestimmten Spektrallinie des Cäsiumisotops ^{133}Cs. Die durch eine Feder angetriebene Taschenuhr wird vielleicht 2 oder auch 20 Schwingungen für $\Delta t = 1\,\text{s}$ benötigen.

Unter der *Eigenperiode* T_o einer Uhr verstehen wir diejenige Schwingungsdauer, die wir mit einer Normaluhr feststellen, die relativ zu dieser Uhr ruht. Wir konstatieren, dass wir in allen Inertialsystemen über dieselben Normaluhren verfügen. Deren Eigenperiode ist unabhängig von dem Bezugssystem, in dem sie gemessen wird:

Die Eigenperiode T_o einer Uhr ist eine unveränderliche Materialgröße. (6.6)

Insbesondere in der relativistischen Raum-Zeit definiert man:

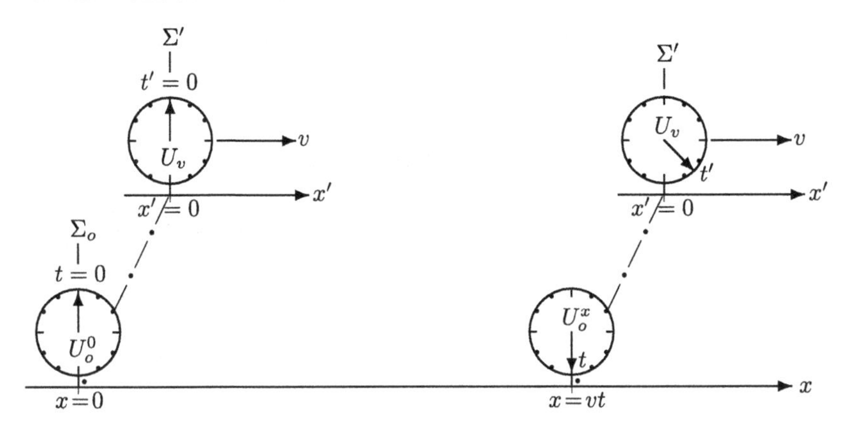

Abb. 6.2 Die Zeigerstellungen t' der einen in Σ' ruhenden Uhr U_v werden mit den Zeigerstellungen t derjenigen in Σ_o ruhenden Uhren U_o^x verglichen, an denen jene gerade vorbeikommt. Der linke Teil des Bildes stellt wieder eine Anfangsbedingung dar. Strichpunktierte Linien verbinden wieder Punkte im Bild, die dasselbe Ereignis darstellen

> Die von einer Uhr in ihrem eigenen Ruhsystem angezeigte Zeit heißt ihre *Eigenzeit*. (6.7)

Wir müssen nun davon ausgehen, dass sich die Schwingungsdauer einer Uhr infolge einer Bewegung ändert.

Die bewegte Uhr U_v zeigt dann eine andere Zeit an als dieselbe Uhr, wenn sie ruht.[1]

Wir beobachten die Periodendauer T einer in Σ_o bewegten Uhr U_v bzw. ihre Zeitangabe t mit unseren Normaluhren, s. Abb. 6.2.

Um die Zeitangabe einer in Σ_o bewegten Uhr U_v zu messen, brauchen wir zwei in Σ_o ruhende Normaluhren, an denen U_v vorbeiläuft, Abb. 6.2.

Verlängert sich die Periodendauer der Uhr infolge ihrer Bewegung, dann rückt der Zeiger langsamer voran. Vergleichen wir einerseits die Zeitangaben einer bewegten Uhr mit derselben Uhr im Ruhezustand, sagen wir t' und t und andererseits die entsprechenden Schwingungsdauern dieser Uhren, sagen wir T_v und T_o, dann gilt:

---

[1]Tatsächlich wird ein weiterer Effekt beobachtet. Die Periodendauer einer Uhr hängt von der Stärke des Gravitationsfeldes ab, in dem sie sich befindet. Wir vernachlässigen hier alle Gravitationseffekte.

Der Quotient zweier gemessener Zeitintervalle $\Delta t'$ und Δt ist reziprok zu dem entsprechenden Quotienten aus den Schwingungsdauern T_v und T_o,

$$\frac{\Delta t'}{\Delta t} = \frac{T_o}{T_v}. \tag{6.8}$$

Eine Uhr U_v möge im Koordinatenursprung von Σ' ruhen, zeige dort also an der Position $x' = 0$ die Zeit t' an. Wir beobachten diese Uhr vom System Σ_o aus.

Nun sei für $(x = 0,\ t = 0)$ auch $(x' = 0,\ t' = 0)$ (Anfangsbedingung), d. h., die im Koordinatenursprung von Σ' ruhende Uhr U_v hat dieselbe Zeigerstellung wie die im Ursprung von Σ_o ruhende Uhr U_o^0, wenn sie an dieser gerade vorbeikommt, Abb. 6.2,

$$\textbf{Erste Zeitnahme} \quad E_o\colon \left.\begin{array}{l} \Sigma_o\colon x = 0,\ \ t = 0, \\ \Sigma'\colon x' = 0,\ t' = 0. \end{array}\right\} \tag{6.9}$$

Die Uhr U_v befindet sich nach der Zeit t in Σ_o an der Position $x = v\,t$. Wir vergleichen die Zeigerstellung t' von U_v nun mit der bei $x = v\,t$ ruhenden Uhr von Σ_o. Gemäß Gl. (6.2b) gilt $t' = \theta\,x + q\,t$, also mit $x = v\,t$,

$$\textbf{Zweite Zeitnahme} \quad E\colon \left.\begin{array}{l} \Sigma_o\colon x = v\,t,\ t, \\ \Sigma'\colon x' = 0,\ \ t' = (v\,\theta + q)\,t. \end{array}\right\} \tag{6.10}$$

Es folgt

$$\left.\begin{array}{l} \Sigma_o\colon \dfrac{\text{Differenz der Zeigerstellungen } \mathit{einer} \text{ in } \Sigma_o \text{ bewegten Uhr}}{\text{Differenz der Zeigerstellungen } \mathit{zweier} \text{ in } \Sigma_o \text{ ruhender Uhren}} \\ = \dfrac{t'}{t} = v\,\theta + q. \end{array}\right\} \tag{6.11}$$

Die Periodendauer T ist reziprok zur Zeigerstellung t. Ausgedrückt durch die Eigenperiode T_o einer Uhr und die Periodendauer T_v derselben bewegten Uhr können wir daher anstelle von (6.11) auch schreiben

$$\Sigma_o\colon \frac{\text{Periode einer in } \Sigma_o \text{ bewegten Uhr}}{\text{Eigenperiode}} = \frac{T_v}{T_o} = \frac{1}{v\,\theta + q}. \tag{6.12}$$

Gemäß (6.11) bzw. (6.12) wird nun die Parameterkombination $v\,\theta + q$ physikalisch interpretiert und durch Präzisionsmessungen in Σ_o bestimmbar.

6.3 Die Lorentz-Transformation

Wir müssen nun θ und q bestimmen.

Die Anfangsbedingung haben wir frei und wählen diese so, dass für das Ereignis $t = 0$ und $x = 0$ in Σ_o auch $t' = 0$ und $x' = 0$ in Σ' gilt.

Der Koordinatenursprung in Σ', also $x' = 0$, bewegt sich von Σ_o beobachtet mit der Geschwindigkeit v. Denn mit $x = vt$ in (6.5)a) bleibt $x' = 0$. Für den Koordinatenursprung in Σ_o, also $x = 0$, findet ein Beobachter in Σ' gemäß (6.5) folgende Geschwindigkeit v',

$$\left.\begin{aligned} &a)\ x' = \frac{-vt}{\sqrt{1 - v^2/c^2}}, \\ &b)\ t' = q\,t, \text{ also} \\ &c)\ v' = \frac{x'}{t'} = \frac{-v}{q \cdot \sqrt{1 - v^2/c^2}}. \end{aligned}\right\} \quad \begin{array}{l}\text{Bewegung des Koordinatenursprungs} \\ x = 0 \text{ von } \Sigma_o, \text{ beobachtet von } \Sigma' \text{ aus}\end{array} \tag{6.13}$$

Sobald alle Uhren in Σ_o laufen, verfügen wir nun über eine Vorschrift, nach der wir die Uhren in Σ' anstellen, definieren also die Gleichzeitigkeit in Σ'. Gemäß einer sog. *elementaren Relativität,* vgl. Günther (2004), (2013), bestimmen wir damit unter Berufung auf die Zeitdilatation (2.5) die Parameters θ und q:

> Wenn der Beobachter in Σ_o feststellt, dass Σ' die Geschwindigkeit v besitzt, dann sollen die Uhren in Σ' so in Gang gesetzt werden, dass der Beobachter in Σ' für Σ_o die Geschwindigkeit $-v$ misst. (6.14)

Aus (6.13c) folgt dann sofort:

$$q = \frac{1}{\sqrt{1 - v^2/c^2}} \quad \text{im Fall der Definition (6.14)} \tag{6.15}$$

und damit wegen (2.6) auch

$$q = \frac{l_o}{l_v}. \quad \text{im Fall der Definition (6.14)} \tag{6.16}$$

Setzen wir (6.15) in die Gl. (6.12) ein, so sehen wir nach kurzer Umstellung, dass mit (6.14) der Parameter θ auf die Zeitdilatation und Längenkontraktion in Σ_o zurückgeführt wird gemäß

$$\theta = \frac{T_o/T_v - l_o/l_v}{v}. \tag{6.17}$$

Damit sind wir fertig. Mit (2.4) und (2.6) folgt zunächst

$$\theta = \frac{-v/c^2}{\sqrt{1 - v^2/c^2}},$$

und aus (6.5) werden nach einfacher Rechnung die relativistischen Formeln zur Umrechnung der Koordinaten, die sog. Lorentz-Transformationen, die Einstein (1905) nach vorangegangenen Ideen von Lorentz (1904) aus seiner universellen Konstanz der Lichtgeschwindigkeit hergeleitet hatte,

$$\left.\begin{aligned} a)\ x' &= \frac{x - v\,t}{\sqrt{1 - v^2/c^2}}, \\ b)\ t' &= \frac{t - v\,x/c^2}{\sqrt{1 - v^2/c^2}}. \end{aligned}\right\} \quad \text{Lorentz-Transformation} \tag{6.18}$$

Wir bemerken noch. Für die klassische Physik mit unveränderlichen Längen und Schwingungsdauern folgen aus (6.16) und (6.17) mit $T_o = T_v$ und $l_o = l_v$, $\theta = 0$, $q = \gamma = 1$ sofort die Galilei-Transformationen (6.1).

Unsere Definition der Gleichzeitigkeit (6.14) in Σ' ist dadurch ausgezeichnet dass die Umkehrung der Transformationen (6.18) wieder Transformationen derselben Art sind, nur mit entgegengesetzter Geschwindigkeit,

$$\left.\begin{aligned} a)\ x &= \frac{x' + v\,t'}{\sqrt{1 - v^2/c^2}}, \\ b)\ t &= \frac{t' + v\,x'/c^2}{\sqrt{1 - v^2/c^2}}. \end{aligned}\right\} \quad \begin{array}{l}\text{Lorentz-Transformation.}\\ \text{Die Umkehrung von (6.18)}\end{array} \tag{6.19}$$

Damit haben wir eine Symmetrie hergestellt, was für die Physik ein ganz zentrales Anliegen ist: Die Lorentz-Transformation gilt zwischen beliebigen Inertialsystemen, vgl. z. B. in Günther (2013).

6.4 Die Definition der Gleichzeitigkeit

Wegen der zentralen Bedeutung dieses Begriffes und seiner Schlüsselrolle für die Aufklärung vermeintlich paradoxer Resultate gehen wir hier noch einmal besonders darauf ein. War das anders in der Begründung seiner Speziellen Relativitätstheorie durch Albert Einstein? (s. Abb. 6.3) Mitnichten. Wenn man es richtig liest, lautet Einsteins Postulat von 1905 zur Begründung der SRT:

Es ist möglich, alle Uhren in allen Inertialsystemen so zu synchronisieren, dass danach die mit diesen Uhren gemessene Lichtgeschwindigkeit in allen Inertialsystemen denselben Wert hat, s. Abb. 6.4.

Abb. 6.3 Albert Einstein, * Ulm 14.03.1879, † Princeton 18.04.1955. (Nach einer Arbeit von Christina Günther)

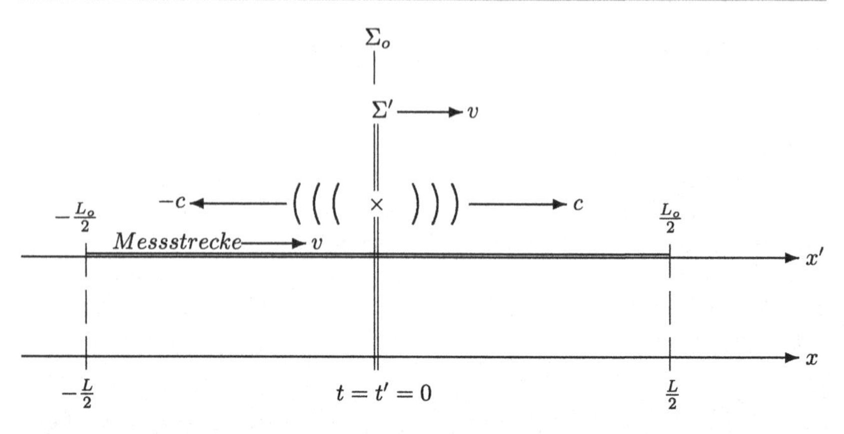

Abb. 6.4 Die Relativität der Einsteinschen Gleichzeitigkeit als Folge der Synchronisation der Uhren in allen Inertialsystemen mit Hilfe des Prinzips der universellen Konstanz und damit auch der Isotropie der Lichtgeschwindigkeit. Dasselbe Signal synchronisiert vom Prinzip her alle Uhren in allen Inertialsystemen

Eine Messstrecke ruhe im System Σ', das sich mit der Geschwindigkeit v in x-Richtung von Σ_o bewegt. Skizziert ist das Ereignis $(t = t' = 0,\ x = x' = 0)$, die Zündung des Lichtsignals.

Gemäß Einstein wird nun die Möglichkeit einer solchen Synchronisation der Uhren in allen Inertialsystemen Σ' postuliert, dass für die daraufhin gemessene Lichtgeschwindigkeit stets ein und derselbe Wert festgestellt wird. M. a. W., werden die Uhren in allen Inertialsystemen mit *einem* Lichtsignal synchronisiert, dann wird hernach in allen Inertialsystemen für die Lichtgeschwindigkeit ein und derselbe numerische Wert $c = 299\,792\,458\ \mathrm{ms}^{-1}$ gemessen, unabhängig davon, in welchem Inertialsystem das Lichtsignal gezündet wird.

In Σ' beurteilt, erreicht das Licht folglich die Endpunkte der Messstrecke per definitionem gleichzeitig – die Σ'-Uhren werden gerade so in Gang gesetzt. Von Σ_o aus beobachtet, nähert sich das Licht wegen der Bewegung der Messstrecke in Σ_o dem rechten Endpunkt mit $c - v$ und dem linken mit $c + v$ (da beide Geschwindigkeiten im selben System Σ_o gemessen werden und sich daher einfach addieren). Wenn L die Länge der bewegten Messstrecke in Σ_o bedeutet, kommt also das Lichtsignal

$$\text{links zur Zeit} \quad t_1 = \frac{L}{2(c+v)} \quad \text{und rechts zur Zeit} \quad t_2 = \frac{L}{2(c-v)} \quad \text{an.}$$

In Σ_o gesehen, gilt daher

$$t_2 - t_1 = \frac{L\,v}{c^2 - v^2}. \tag{6.20}$$

Während also die nach beiden Seiten laufenden Signale die Endpunkte der in Σ' ruhenden Messstrecke, in Σ' beobachtet, gleichzeitig erreichen, urteilt der in Σ_o ruhende Beobachter wegen der isotropen Lichtausbreitung in Σ_o, dass zuerst der linke Endpunkt zur Zeit t_1 erreicht wird und danach der rechte Endpunkt zur Zeit t_2 mit einer Verzögerung gemäß (6.20), also $t_2 = t_1 + L\,v/(c^2 - v^2)$. Die beiden Ereignisse, Ankunft des Signals an den Endpunkten der Strecke, sind also in Σ' gleichzeitig, nicht aber in Σ_o.

Im Unterschied zu Einsteins eigenen Darstellungen, Einstein (1917, 1921, 1922, 1958, 1969, 2002, 2009) wird diese Relativität der Gleichzeitigkeit immer wieder *irrtümlich* wie ein physikalisches Gesetz behandelt, obwohl diese Relativität in der Einsteinschen Axiomatik *vor* den Anfang der eigentlichen Überlegungen mit Hilfe einer *Definition der Gleichzeitigkeit gesetzt* wird.

Auf Einsteins Prinzip von der universellen Konstanz der Lichtgeschwindigkeit, das diese Definition zur Voraussetzung hat, ist dann mit einem Schlag die gesamte SRT gegründet.

Im Unterschied zu diesem Königsweg zur SRT – mit seiner mathematischen Eleganz aber durchaus mit begrifflichen Fallen – gehen wir hier einen empirischen Weg, der von einem Einsteiger vielleicht besser nachvollziehbar ist. Wir beginnen mit einem speziellen, frei ausgewählten Bezugssystem, Σ_o, und den dort gemessenen Effekten der Längenkontraktion (2.6) und der Zeitdilatation (2.4). Wir haben dann die Freiheit und auch die Aufgabe, eine im Prinzip beliebige Gleichzeitigkeit für alle Inertialsysteme zu definieren. Wir haben gesehen, wählen wir dafür die *elementare Relativität* gemäß (6.14), dann folgen Einsteins Lorentz-Transformationen (6.18) bzw. (6.19).

Wir weisen noch einmal darauf hin, dass es für das Verständnis der Speziellen Relativitätstheorie ganz wesentlich ist, den *definitorischen Charakter* bei der Festlegung der Gleichzeitigkeit zu verstehen. Die Analyse dieses Begriffes ist mit ganz großen Namen verknüpft und beginnt noch vor Einsteins Spezieller Relativitätstheorie mit H. Poincaré, wird dann ausführlich von H. Reichenbach analysiert und schließlich von W. Thirring (1988) in Transformationsformeln aufgeschrieben, die wir unabhängig davon als Reichenbach-Transformation, s. Gl. (6.56), eingeführt hatten, Günther (2004, 2013).

Bereits 1898 kommt H. Poincaré (1910) zu dem Schluss:

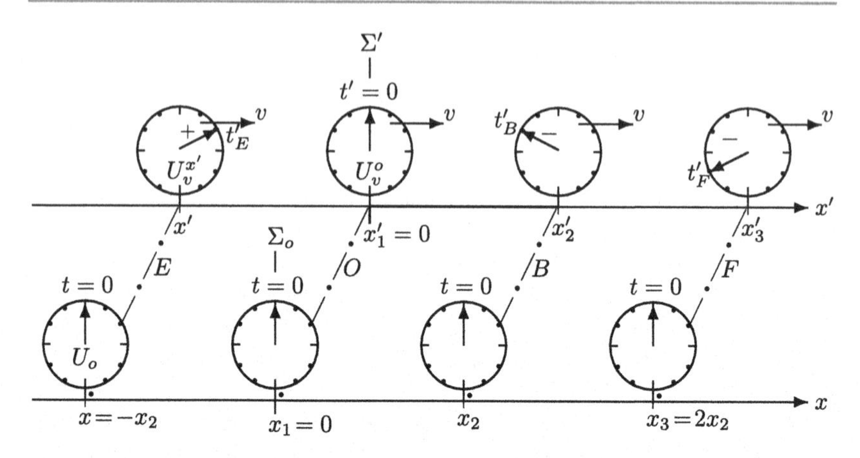

Abb. 6.5 Die Realisierung der Einsteinschen Gleichzeitigkeit in der relativistischen Raum-Zeit. Zur Zeit $t = 0$ in Σ_o werden die Zeigerstellungen der Σ'-Uhren gemäß $t' = -\gamma v\, x/c^2$ berechnet. Im Bild haben wir $v = 0{,}8\,c$, also $1/\gamma = \sqrt{1 - v^2/c^2} = 0{,}6$ gewählt und die Uhren so geeicht, dass die Zeit $\Delta t_o := 2x_2/c$ einer Zeigerstellung „Viertel" entspricht, also $2x_2/c = 15$ bei 60 Skalenteilen auf dem Zifferblatt. Damit folgen die eingezeichneten Zeigerstellungen $t'_E = t'(x,0) = -\gamma x\, v/c^2 = x_2 \cdot 0{,}8\,c/c^2\, 0{,}6 = 15 \cdot 2/3 = 10$, $t'_B = t'(x_2, 0) = -10$, $t'_F = t'(x_3, 0) = -20$. Die strichpunktierten Linien verbinden wieder Punkte im Bild, die dasselbe Ereignis darstellen

> „Es ist schwierig, das qualitative Problem der Gleichzeitigkeit von dem quantitativen Problem der Zeitmessung zu trennen: sei es, dass man sich eines Chronometers bedient, sei es, dass man einer Übertragungsgeschwindigkeit, wie der des Lichtes, Rechnung zu tragen hat, da man eine solche Geschwindigkeit nicht messen kann, ohne eine Zeit zu *messen*. ... Wir haben keine unmittelbare Anschauung für Gleichzeitigkeit, ebensowenig für die Gleichheit zweier Zeitintervalle. ... Die Gleichzeitigkeit zweier Ereignisse oder ihre Reihenfolge und die Gleichheit zweier Zeiträume müssen derart definiert werden, dass der Wortlaut der Naturgesetze so einfach wie möglich wird. Mit anderen Worten, alle diese Regeln, alle diese Definitionen sind nur die Früchte eines unbewussten Opportunismus."

Und bei H. Reichenbach (1977), der sich seit den 1920iger Jahren in die Diskussion um die SRT eingebracht hat, lesen wir, „...Fehler liegt darin, dass die Relativität der Gleichzeitigkeit in dem verschiedenen Bewegungszustand der Beobachter begründet wird. Selbstverständlich kann man die Gleichzeitigkeit für jedes anders bewegte System anders definieren, und die Lorentz-Transformation bezieht ihre einfachen Maßverhältnisse eben gerade daher, aber notwendig ist das nicht. Man kann die Gleichzeitigkeitsdefinition eines Systems K so einrichten, dass sie mit der eines bewegten Systems K' identisch wird.“

Das ist nichts anderes als die Zulassung einer absoluten Gleichzeitigkeit in der SRT, wie in Abb. 5.2 skizziert.

Auch in der relativistischen Physik kann man also eine absolute Gleichzeitigkeit definieren (d. h. $\theta = 0$, woraus anders als in (6.15) dann $q = \sqrt{1 - v^2/c^2}$ folgt, s. Gl. (6.56).) Wenn auch sonst die mathematischen Zusammenhänge dadurch unübersichtlich werden, das Paradoxon zur Zwillingsgeschichte kann damit von vornherein vermieden werden. Darauf gehen wir in Abschn. 6.7 ein, vgl. auch Günther (2013).

6.5 Überlagerung von Geschwindigkeiten

In Kap. 2 haben wir bei der Diskussion von Feynmans Lichtuhr Geschwindigkeiten einfach addiert, um damit die Geschwindigkeiten der Lichtwelle in Bezug auf den bewegten Spiegel zu berechnen mit dem Ergebnis der Schwingungsdauer T_v der bewegten Lichtuhr, Gl. (2.2). Das war richtig, weil die Geschwindigkeit c der Lichtwelle und die Geschwindigkeit v des Spiegels in ein und demselben Bezugssystem Σ_o gemessen wurden. Eine ganz andere Fragestellung entsteht in folgender Situation:

Für einen Körper K, der sich in Σ_o gemäß $x_1 = x_1(t)$ in x-Richtung bewegt, werde dort die Geschwindigkeit $v = dx_1(t)/dt$ gemessen. Dieser Körper realisiert ein Inertialsystem Σ'. Von Σ_o aus werde für ein weiteres Objekt L die Bewegung $x = x(t)$ in x-Richtung mit der Geschwindigkeit $u = dx(t)/dt$ beobachtet. L realisiert ein Bezugssystem Σ''. Für Σ'' wird von Σ' aus eine Bewegung $x' = x'(t')$ festgestellt und also eine Geschwindigkeit $u' = dx'(t')/dt'$ beobachtet (und es ist natürlich $v' = dx_1'/dt' = 0$), vgl. Abb. 6.6,

$$\left.\begin{array}{lll} \Sigma'': \text{ Körper } K & & \Sigma': \text{ Körper } L \\ \Sigma_o: & v = \dfrac{dx_1}{dt}, & u = \dfrac{dx}{dt}, \\ \Sigma': & v' = \dfrac{dx_1'}{dt'} := 0, & u' = \dfrac{dx'}{dt'}. \end{array}\right\} \qquad (6.21)$$

Die Raum-Zeit-Koordinaten dieser Bezugssysteme hängen jeweils über eine Lorentz-Transformation zusammen:

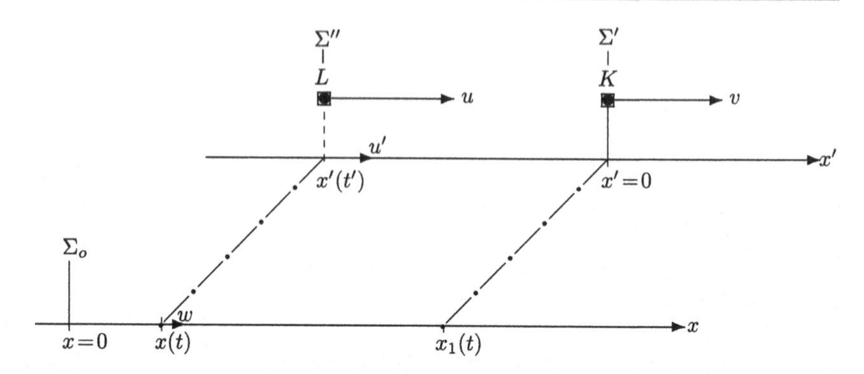

Abb. 6.6 Einsteins Additionstheorem der Geschwindigkeiten. Der in Bezug auf Σ_o mit der Geschwindigkeit v bewegte Körper K sei das Bezugssystem Σ'. Der auf dem Körper K sitzende Beobachter ortet ein Objekt L an den Positionen $x' = x'(t')$, welches sich ihm folglich mit der Geschwindigkeit $u' = dx'/dt'$ nähert. Das Objekt L realisiert ein Bezugssystem Σ'' und besitzt im Bezugssystem Σ_o die Geschwindigkeit $u = dx/dt$, während der Körper K (das Bezugssystem Σ') in Bezug auf Σ_o die Geschwindigkeit $v = dx_1/dt$ besitzt. Der Beobachter in Σ_o stellt fest, dass sich L mit der Relativgeschwindigkeit $w = u - v$ dem Körper K nähert (gemäß der Addition von Geschwindigkeiten, die in ein und demselben Bezugssystem gemessen werden, vgl. Kap. 2). Diese Geschwindigkeit w ist nun aber verschieden von der Geschwindigkeit u', mit der sich nach Aussage des Beobachters in Σ' das Objekt L dem Körper K nähert. Wir wählen als Beispiel wieder $v = 0{,}8c$. Ferner möge in Σ_o eine Geschwindigkeit $u = 0{,}9c$ für das Objekt L gemessen werden, so dass sich L, von Σ_o aus beobachtet, wieder mit der Relativgeschwindigkeit $w = u - v = 0{,}1c$ dem Körper K nähert. Für die Geschwindigkeit u' berechnet man dagegen mit dem Additionstheorem (6.25) $u' = (u - v)\big/\big(1 - (uv/c^2)\big) = (0{,}9c - 0{,}8c)\big/\big(1 - (0{,}9c \cdot 0{,}8c/c^2)\big) = 0{,}36\,c$. Also nähert sich der Punkt $x'(t')$ auf der x'-Achse mit der Geschwindigkeit $u' = 0{,}36\,c$ dem Punkt $x' = 0$, und der Punkt $x(t)$ nähert sich auf der x-Achse mit der Geschwindigkeit $w = 0{,}1c$ dem Punkt $x_1(t)$. Die strichpunktierten Linien verbinden wieder Punkte im Bild, die dasselbe Ereignis darstellen

$$\left.\begin{aligned} x' &= \frac{x - v\,t}{\sqrt{1 - v^2/c^2}}, & x &= \frac{x' + v\,t'}{\sqrt{1 - v^2/c^2}}, \\ & \qquad\longleftrightarrow & & \\ t' &= \frac{t - x\,v/c^2}{\sqrt{1 - v^2/c^2}}, & t &= \frac{t' + x'\,v/c^2}{\sqrt{1 - v^2/c^2}}, \end{aligned}\right\} \begin{array}{l}\text{Lorentz-Transformation}\\ \text{zwischen } \Sigma \text{ und } \Sigma'\end{array} \tag{6.22}$$

$$\left.\begin{aligned} x'' &= \frac{x - u\,t}{\sqrt{1-u^2/c^2}}, & & & x &= \frac{x'' + u\,t''}{\sqrt{1-u^2/c^2}},\\ & & \longleftrightarrow & & & \\ t'' &= \frac{t - x\,u/c^2}{\sqrt{1-u^2/c^2}}, & & & t &= \frac{t'' + x''\,u/c^2}{\sqrt{1-u^2/c^2}}, \end{aligned}\right\} \begin{array}{l}\text{Lorentz-Transformation}\\ \text{zwischen } \Sigma \text{ und } \Sigma''\end{array} \tag{6.23}$$

$$\left.\begin{aligned} x'' &= \frac{x' - u'\,t'}{\sqrt{1-u'^2/c^2}}, & & & x' &= \frac{x'' + u'\,t''}{\sqrt{1-u'^2/c^2}},\\ & & \longleftrightarrow & & & \\ t'' &= \frac{t' - x'\,u'/c^2}{\sqrt{1-u'^2/c^2}}, & & & t' &= \frac{t'' + x''\,u'/c^2}{\sqrt{1-u'^2/c^2}}. \end{aligned}\right\} \begin{array}{l}\text{Lorentz-Transformation}\\ \text{zwischen } \Sigma' \text{ und } \Sigma''\end{array} \tag{6.24}$$

Während die Geschwindigkeiten u und v frei vorgegeben werden können, ist damit aber die von Σ' aus gemessene Geschwindigkeit u' für das System Σ'' eindeutig bestimmt. Diese ist aber nun nicht mehr einfach gleich der Differenz $w = u - v$, wie wir das aus der klassischen Physik berechnen würden, sondern ergibt sich aus der Kettenregel der Differentiation. Wir setzen die Bewegung $x = x(t)$ mit $dx/dt = u$ in (6.18) ein, finden

$$u' = \frac{dx'}{dt'} = \frac{dx'}{dt}\left(\frac{dt'}{dt}\right)^{-1} = \gamma_v(u - v)\cdot\frac{1}{\gamma_v(1 - uv/c^2)}$$

und erhalten damit Einsteins berühmtes

$$u' = \frac{u - v}{1 - uv/c^2} \qquad \text{Additionstheorem der Geschwindigkeiten} \tag{6.25}$$

bzw. mit der Umkehrung

$$u = \frac{u' + v}{1 + uv/c^2}. \qquad \text{Additionstheorem der Geschwindigkeiten} \tag{6.26}$$

Aus dieser Zusammensetzung von Geschwindigkeiten folgt die Unerreichbarkeit der Lichtgeschwindigkeit. Betrachten wir z. B. den Fall, dass für den Körper K, also das System Σ', eine Geschwindigkeit $v = 0{,}8c$ gemessen wird. Und ferner soll der Beobachter in Σ' für den Körper L, also das System Σ'', eine Geschwindigkeit $u' = 0{,}7c$ feststellen. Nach der klassischen Physik sollten wir für die Geschwindigkeit u, die in Σ_o für L festgestellt wird, dann bereits bei $u' + v = 1{,}5c$, also das Eineinhalbfache der Lichtgeschwindigkeit beobachten. Durch Einsteins Additionstheorem der Geschwindigkeiten (6.26) wird ein Überschreiten der Lichtgeschwin-

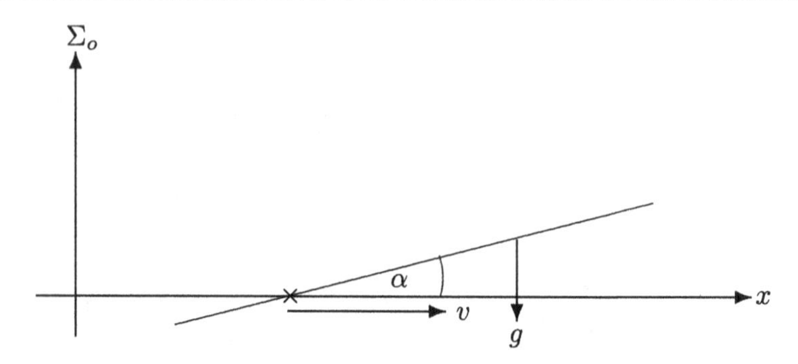

Abb. 6.7 Zur Existenz beliebig großer Geschwindigkeiten (Erläuterungen im Text)

digkeit nun prinzipiell verhindert. In unserem Beispiel folgt

$$u = \frac{0{,}7c + 0{,}8c}{1 + 0{,}7 \cdot 0{,}8 \cdot c^2/c^2} = \frac{1{,}5c}{1{,}56} = 0{,}9615384...c.$$

Gibt es also prinzipiell keine Überlichtgeschwindigkeiten? Das ist so nicht richtig. Betrachten wir dazu ein Lineal, das mit einem hinreichend kleinen Winkel gegen die x-Achse geneigt ist, Abb. 6.7.

Erteilen wir diesem Stab eine Geschwindigkeit g senkrecht zur x-Achse, dann läuft bei hinreichend kleinem Neigungswinkel der Schnittpunkt mit der x-Achse auf dieser mit beliebig großer Geschwindigkeit, nämlich mit $v = g/tan\,\alpha$ nach rechts. Aber, mit dieser Geschwindigkeit kann man keine Nachrichten überbringen, keine Signale übertragen. Das ist der Unterschied zur Bewegung eines Körpers, z. B. K oder L. Ebenso verhält es sich mit den sog. Tachyonen, den hypothetischen Überlichtteilchen. Diese realisieren Korrelationen mit durchaus interessanten, beobachtbaren Konsequenzen, können aber keine Signale übertragen, s. die ausführliche Diskussion dazu in Günther (2013).

6.6 Die Gleichzeitigkeitsfalle

Die Zwillinge starten zu einem Ereignis 0, Abb. 6.8, und jeder glaubt, der andere bleibe nun jünger, weil dessen, von ihm mitgeführte Uhr gegenüber den Uhren, an der sie vorbeigleitet, nachgeht, Abb. 6.9.

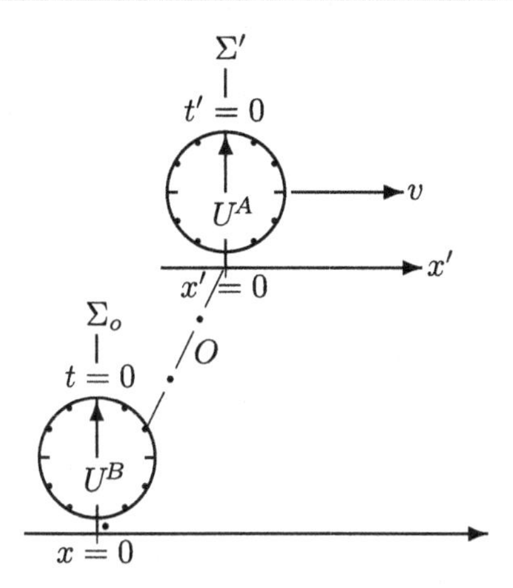

Abb. 6.8 Zum Ereignis O verabschieden sich die Zwillinge

Bruder B will nicht einsehen, dass Zwilling A dieselbe Beobachtung macht wie er, was, wie wir wissen, keinen Widerspruch darstellt, da verschiedene Uhren miteinander verglichen werden, und argumentiert folgendermaßen:

Auf dem ersten Teil der Reise rückt der Zeiger meiner Uhr U^B um t_R vor. Zwilling A entfernt sich von mir mit der Geschwindigkeit v, so dass sich der Zeiger seiner Uhr wegen der Zeitdilatation dann auf einer Stellung $t_1' = k_v t_R$ befindet.

Wenn ich in das System Σ'' umgestiegen bin, kommt er nun mit der Geschwindigkeit v auf mich zu. Ich halte mich dort in der Zeit $t_Z'' - t_R''$ auf. Um diesen Betrag rückt der Zeiger meiner Uhr vor, während der Zeiger seiner Uhr U^A wieder wegen der Zeitdilatation mit dem Faktor k_v zurückbleiben muss, also nur um $t_2' = k_v\,(t_Z'' - t_R'')$ vorankommt.

Das gibt am Ende für den Zeiger meiner Uhr U^B die Stellung

$$t_B = t_R + t_Z'' - t_R'', \quad \textit{Korrekte Berechnung des Zeigerstandes seiner Uhr } U^B \textit{ durch Bruder } B \tag{6.27}$$

während der Zeiger auf seiner Uhr U^A beim Zusammentreffen insgesamt auf

$$t_A = t_1' + t_2' = (t_R + t_Z'' - t_R'')\,k_v = t_B\,k_v \quad \textit{Fehlerhafte Berechnung des Zeigerstandes der Uhr } U^A \textit{ durch Bruder } B \tag{6.28}$$

steht, also $t_A < t_B$ und nicht umgekehrt, wie in Gl. (4.9) behauptet.

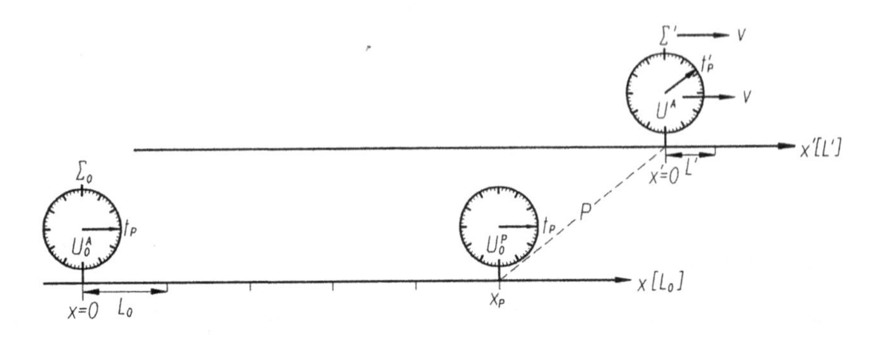

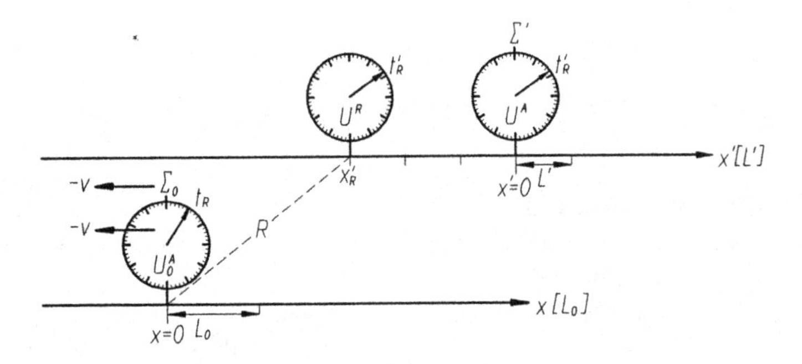

Abb. 6.9 Die Zwillinge zum Ereignis P bzw. R (s. Text)

Wo liegt der Fehler?

Die gemeinsame Anfangsbedingung für alle drei Systeme Σ_o, Σ' und Σ'' lautet

$$\left.\begin{array}{l} x_1 = 0, t = 0 \text{ in } \Sigma_o, \\ x_1' = 0, t' = 0 \text{ in } \Sigma', \\ x_1'' = 0, t = 0 \text{ in } \Sigma''. \end{array}\right\} \tag{6.29}$$

In Σ_o betrachtet, bewegt sich die Uhr U^A gemäß $x = v\,t$, und für Σ'' haben wir die Geschwindigkeit so gewählt, dass die in Σ' ruhende Uhr U^A von Σ'' aus gemäß $x'' = -v\,t''$ beobachtet wird,

$$\left.\begin{array}{ll} x = v\,t, & \text{Uhr } U^A \text{ in } \Sigma_o \\ x'' = -v\,t''. & \text{Uhr } U^A \text{ in } \Sigma'' \end{array}\right\} \tag{6.30}$$

Die zum Umsteige-Ereignis $R(0, t_R)$, s. Gl. (6.37), in Σ_o gleichzeitige Position der Uhr U^A lautet also $x_p = v\,t_R$. Und die zu demselben Ereignis $R(x''_R, t''_R)$ in Σ'' gleichzeitige Position der Uhr U^A lautet dann $x''_q = -v\,t''_R$, also

$$x_p = v\,t_R, \qquad \text{Zum Umsteige-Ereignis } R \text{ in } \Sigma_o \text{ gleichzeitige Position der Uhr } U^A \tag{6.31}$$

$$x''_q = -v\,t''_R. \qquad \text{Zum Umsteige-Ereignis } R \text{ in } \Sigma'' \text{ gleichzeitige Position der Uhr } U^A \tag{6.32}$$

Um etwas Bestimmtes vor Augen zu haben, nehmen wir an, für das Inertialsystem Σ'', in welchem Bruder B dem Zwilling A hinterhereilen soll, werde von Σ' aus betrachtet, die Geschwindigkeit $u' = v$ gemessen, also bewegt sich umgekehrt Σ' in Bezug auf Σ'' mit der Geschwindigkeit $-v$. Zwilling A beobachtet also, Bruder B kommt mir mit der Geschwindigkeit v hinterher, während für B nun A mit $-v$ entgegenkommt.

Mit der Anfangsbedingung eines gemeinsamen Koordinatenursprungs $O(0, 0)$ lautet die Lorentz-Transformation zwischen Σ' und Σ''

$$x'' = \frac{x' - v\,t'}{k_v}, \qquad t'' = \frac{t' - x'\,v/c^2}{k_v}. \tag{6.33}$$

Mit den Geschwindigkeiten v von Σ' in Bezug auf Σ_o und $u' = v$ von Σ'' in Σ' folgt aus dem Additionstheorem (6.26) für die in Σ_o gemessene Geschwindigkeit u von Σ''

$$u = \frac{u' + v}{1 + u'\,v/c^2} = \frac{2vc^2}{c^2 + v^2} \quad\longrightarrow\quad k_u = \sqrt{1 - \frac{u^2}{c^2}} = \frac{c^2 - v^2}{c^2 + v^2}. \tag{6.34}$$

Die Bezugssysteme Σ' und Σ'' bewegen sich mit den Geschwindigkeiten v bzw. u in Bezug auf Σ_o, wobei stets ein gemeinsamer Koordinatenursprung angenommen ist. Dann lauten die entsprechenden Lorentz-Transformationen

$$\left.\begin{aligned} x' &= \frac{x - v\,t}{k_v}, & & & x &= \frac{x' + v\,t'}{k_v}, \\ & & \longleftrightarrow & & & \\ t' &= \frac{t - x\,v/c^2}{k_v}, & & & t &= \frac{t' + x'\,v/c^2}{k_v}, \end{aligned}\right\} \tag{6.35}$$

$$\left.\begin{aligned} x'' &= \frac{x - u\,t}{k_u}, & & & x &= \frac{x'' + u\,t''}{k_u}, \\ & & \longleftrightarrow & & & \\ t'' &= \frac{t - x\,u/c^2}{k_u}, & & & t &= \frac{t'' + x''\,u/c^2}{k_u}. \end{aligned}\right\} \tag{6.36}$$

Bruder B befindet sich zunächst bei $x = 0$ in Σ_o.

Zum Ereignis $R(0, t_R) = R(x'_R, t'_R) = R(x''_R, t''_R)$ möge er das System Σ'' besteigen.

Bis dahin ist also auf seiner Uhr U^B die Zeit t_R abgelaufen.

Aus den Formeln (6.35) und (6.36) finden wir unter Beachtung von (6.34) mit den Koordinaten des Ereignisses R in Σ_o dessen Koordinaten in Σ' und Σ'',

$$\left.\begin{aligned} &\Sigma_o : x_R = 0, & & t_R, \\ &\Sigma' : x'_R = -\frac{v}{k_v}\,t_R, & & t'_R = \frac{1}{k_v}\,t_R, \\ &\Sigma'' : x''_R = -\frac{2vc^2}{c^2 - v^2}\,t_R, & & t''_R = \frac{c^2 + v^2}{c^2 - v^2}\,t_R. \end{aligned}\right\} \quad \text{Das Umsteige-Ereignis } R \tag{6.37}$$

Die Zeit t_R ist in unserer Geschichte ein Parameter, den wir frei wählen können.

Für das Ereignis Z des Zusammentreffens folgt zunächst einfach wegen der Zeitdilatation oder aus $t_Z = (t'_Z + x'_z v/c^2)/k_v$ gemäß der rechten Seite von (6.35) wegen $x'_z = 0$, indem wir noch $t_A = t'_Z$ beachten,

$$t_A \equiv t'_Z = k_v\,t_Z. \tag{6.38}$$

Zwilling A beobachtet, dass sich Bruder B zuerst mit der Geschwindigkeit v von ihm entfernt, um nach der Zeit t'_R mit derselben Geschwindigkeit wieder zu ihm zurückzukommen. Für seine eigene Reisezeit $t_A = t'_Z$ muss daher gelten

$$t_A = t'_Z = 2t'_R. \tag{6.39}$$

Mit (6.37) ergibt sich daraus

$$t_A = t'_Z = \frac{1}{k_v}\,2t_R. \qquad \text{Reisezeit von Zwilling } A \tag{6.40}$$

Und aus (6.33) folgt für $t''_Z = (t'_Z - x'_Z v/c^2)/k_v$ mit $x'_Z = 0$ unter Beachtung von (6.38) und (6.40)

$$t_Z'' = \frac{1}{k_v}\, t_Z' \;= \frac{1}{k_v}\, t_A, \tag{6.41}$$

also[2]

$$t_Z'' = t_Z = \frac{2\, t_R}{k_v^2}. \tag{6.42}$$

Die ganze Zwillingsgeschichte wird damit durch drei Ereignisse festgelegt:

$$\left.\begin{aligned} &O(0,0) &&= O(0,0) &&= O(0,0), &&\text{Verabschiedung der Zwillingsbrüder} \\ &R(0,t_R) &&= R(x_R', t_R') &&= R(x_R'', t_R''), &&\text{Umsteigen von Bruder } B \\ &Z(x_Z, t_Z) &&= Z(0, t_Z') &&= Z(x_Z'', t_Z''). &&\text{Zusammentreffen der Zwillinge} \end{aligned}\right\} \tag{6.43}$$

Die Reisezeit von Bruder B setzt sich zusammen aus seiner Verweilzeit t_R im System Σ_o und der Zeit, die er nach seinem Umsteigen im System Σ'' verbringt. Nach dem Umsteigen in das System Σ'' vergeht für Bruder B dort bis zum Zusammentreffen noch einmal die Zeit $t_Z'' - t_R''$, um die der Zeiger auf seiner Uhr U^B vorrückt.

Die Reisezeit t_B von Bruder B beträgt daher insgesamt

$$t_B = t_R + t_Z'' - t_R''. \qquad \text{Reisezeit von Bruder } B \tag{6.44}$$

Mit (6.37) und (6.42) folgt daraus

$$t_B = t_R + \frac{2}{k_v^2}\, t_R - \frac{c^2 + v^2}{c^2 - v^2}\, t_R = \frac{c^2 - v^2 + 2c^2 - c^2 - v^2}{c^2 - v^2}\, t_R,$$

also

$$t_B = 2t_R. \qquad \text{Reisezeit von Bruder } B \tag{6.45}$$

Und wegen (6.42) gilt daher

$$t_B = k_v\, t_A, \quad k_v < 1 \quad \longrightarrow \quad t_B < t_A. \tag{6.46}$$

Der hinterhereilende, oder, aus der Sicht von A, zurückkommende Bruder B ist beim Zusammentreffen jünger als sein Zwillingsbruder. M. a. W.:

[2]Die Übereinstimmung von $t_Z'' = t_Z$ entsteht rein zufällig aus unserem Beispiel mit $u' = v$.

Jünger ist derjenige, der seine Geschwindigkeit geändert hat.

Bruder B war in eine Gleichzeitigkeitsfalle geraten:

Aus der rechten Seite von (6.36), $x = (x'' + u\,t'')/k_u$, finden wir unter Verwendung von (6.37) und (6.34) für die Koordinate x_q in Σ_o zur Zeit t''_R die Position

$$x_q = \frac{x''_q + ut''_R}{k_u} = \frac{u - v}{k_u}\,t''_R = \left(\frac{2vc^2}{c^2 + v^2} - v\right)\frac{1}{k_u}\,t''_R$$
$$= \frac{2vc^2 - v^3 - vc^2}{c^2 + v^2}\,\frac{1}{k_u}\,t''_R = \frac{v(c^2 - v^2)}{c^2 + v^2}\,\frac{c^2 + v^2}{c^2 - v^2}\,t''_R,$$

also mit (6.37)

$$x_q = v\,t''_R = \frac{c^2 + v^2}{c^2 - v^2}\,v\,t_R. \qquad \text{Koordinate in } \Sigma_o \text{ der zum Umsteige-Ereignis } R \text{ in } \Sigma'' \text{ gleichzeitigen Position der Uhr } U^A \tag{6.47}$$

Aus (6.31) und (6.47) lesen wir ab[3]

$$x_p < x_q. \tag{6.48}$$

Wenn Bruder B das System Σ_o verlässt, dann hat er für die letzte Zeigerstellung der Uhr U^A seines Zwillings A deren Position x_p in Σ_o genommen. Sobald Bruder B in Σ'' ist, nimmt er für die erste Zeigerstellung der Uhr U^A deren Position x_q in Σ_o. So kommt er auf seine Addition $t_1 + t_2 = (t_R + t''_Z - t''_R)\,k_v = t_B\,k_v$ für die Reisezeit von Zwilling A. Das Weiterlaufen des Zeigers auf der Uhr U^A während deren Bewegung von x_p nach x_q hat er übersehen, weil er die Relativität der Gleichzeitigkeit nicht beachtet hat, Abb. 6.10.

Für die Bewegung der Uhr U^A von x_p nach x_q läuft in Σ_o eine Zeit T_{pq} ab gemäß

$$T_{pq} = \frac{1}{v}\,(x_q - x_p) = \frac{1}{v}(v\,t''_R - v\,t_R) = t''_R - t_R.$$

Und auf der Uhr U^A rückt der Zeiger wegen der Zeitdilatation dann um einen Betrag $\Delta t'_A = k_v\,T_{pq}$ vor,

$$\Delta t'_A = k_v\,(t''_R - t_R). \tag{6.49}$$

[3]Wir bemerken, dass die Einfachheit der Formel (6.47) wieder Folge unseres Beispiels mit $u' = v$ ist.

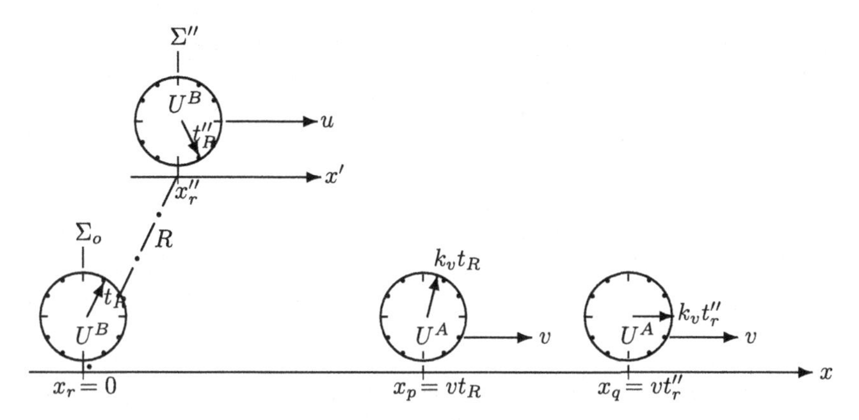

Abb. 6.10 Die Positionen x_p und x_q der Uhr U^A gemäß (6.31) und (6.47) in Σ_o zum Umsteige-Ereignis R . Die strichpunktierten Linien verbinden dieselben Raum-Zeit-Punkte

Diesen Betrag hat Bruder B bei seiner Berechnung (6.28) des Zeigerstandes der Uhr U^A vergessen. Addieren wir die Zeit $k_v\,(t''_R - t_R)$ auf der rechten Seite von (6.28), dann kommen wir in der Tat auf den korrekten Zeigerstand t_A des Zwillings A beim Zusammentreffen in Übereinstimmung mit unseren obigen Berechnungen (6.41) und (6.46), denn

$$\left.\begin{aligned} t_A &= t'_1 + t'_2 + \Delta t'_A = (t_R + t''_Z - t''_R)\,k_v + k_v\,(t''_R - t_R) \\ &= k_v\,t''_Z = \frac{2\,t_R}{k_v} = \frac{t_B}{k_v}. \end{aligned}\right\} \qquad (6.50)$$

Das Paradoxon ist aufgelöst.

6.7 Absolute Gleichzeitigkeit

Wir wollen hier noch einmal den Fall der absoluten Gleichzeitigkeit im Rahmen einer relativistischen Raum-Zeit diskutieren.

Die Verwicklungen, in die wir uns beim Zwillingsparadoxon so leicht verstricken, sind der Tribut, den wir für die Definition der Gleichzeitigkeit nach der sog. elementaren Relativität gemäß Gl. (6.14) in der relativistischen Raum-Zeit entrichten müssen. Aber nur diese Einsteinsche Gleichzeitigkeit erlaubt es, die Äquivalenz aller Inertialsysteme mathematisch so zu formulieren, dass jedes Inertialsystem mit jedem anderen über die gleiche Transformation, die Lorentz-Transformation, zusammenhängt. Dafür geraten wir aber immer wieder in die Falle der dadurch entstehenden Relativität der Gleichzeitigkeit. Der weitere Aufbau einer relativistischen theoretischen Physik ist aber ohne diese Formulierung praktisch undenkbar. Für die Erklärung der relativistischen Paradoxa, Verirrungen unseres Geistes beim Umgang mit der Relativität der Gleichzeitigkeit, kann es aber durchaus einmal erlaubt und hilfreich sein, eine davon abweichende Definition zu verwenden. Das wollen wir jetzt zeigen:

Wir wählen ein Bezugssystem willkürlich aus, sagen wir unser System Σ_o, und stellen dort alle Uhren auf die Zeit $t = 0$. Ferner stellen wir alle Uhren in einem dazu bewegten System Σ', wenn sie gerade an den Σ_o-Uhren vorbeigleiten, ebenfalls auf die Stellung $t' = 0$, wie das in Abb. 5.2 dargestellt ist. Damit haben wir eine absolute Gleichzeitigkeit eingeführt: Nun gehen die Uhren in Σ' gemäß Gl. (2.5) gegenüber den Σ_o-Uhren zwar nach, aber es ist immer

$$\left.\begin{array}{c} t_1 = t_2 \quad \text{in } \Sigma_0 \\ \text{genau dann, wenn} \\ t_1' = t_2' \quad \text{in } \Sigma'. \end{array}\right\} \quad \text{Definition einer absoluten Gleichzeitigkeit} \tag{6.51}$$

Die relativistische Raum-Zeit ist durch die physikalischen Postulate (2.4) bzw. (2.5) und (2.6) definiert und führt uns, wie wir in Abschn. 6.1 gesehen haben, zunächst auf die Gl. (6.5). Für die Zeitkoordinaten t und t' gilt also

$$t' = \theta\, x + q\, t \tag{6.52}$$

Ersichtlich wird (6.51) gerade dann erfüllt, wenn

$$\theta = 0. \qquad \text{Absolute Gleichzeitigkeit} \tag{6.53}$$

Gemäß dem Gesetz der Zeitdilatation (2.4) sowie (6.12) ist nun

$$\frac{T_v}{T_o} = \frac{1}{v\,\theta + q} = \frac{1}{\sqrt{1 - v^2/c^2}}. \tag{6.54}$$

Unsere Vereinbarung (6.51) zur Einführung einer absoluten Gleichzeitigkeit ergibt nun anstelle der durch (6.17) definierten sog. konventionellen Gleichzeitigkeit (wobei dann q durch (6.15) gegeben ist) in der relativistischen Raum-Zeit die Parameter

$$\theta = 0, \quad q = \sqrt{1 - v^2/c^2}. \qquad \text{Relativistische Raum-Zeit mit absoluter Gleichzeitigkeit} \tag{6.55}$$

Anstelle der Lorentz-Transformation (6.18) und (6.19) erhalten wir nun die von W. Thirring (1988) (s. dort Kap. 6, S. 266) angegebene Transformation, die wir in Günther (2004) als Reichenbach-Transformation eingeführt haben,

$$\begin{aligned} x' &= \frac{x - v\,t}{\sqrt{1 - v^2/c^2}}, & & x = \frac{(1 - v^2/c^2)\,x' + v\,t'}{\sqrt{1 - v^2/c^2}}, \\ & & \longleftrightarrow & \\ t' &= t\sqrt{1 - v^2/c^2}, & & t = \frac{t'}{\sqrt{1 - v^2/c^2}}. \end{aligned} \qquad \text{Reichenbach-Transformation. } \Sigma_o(x,t) \text{ ausgezeichnet} \tag{6.56}$$

Bereits aus der Form der Umkehrtransformation erkennt man die Asymmetrie in der Beschreibung der Inertialsysteme. Das System $\Sigma_o(x, t)$ ist hier in der *mathematischen Beschreibung* ausgezeichnet:

Die Gültigkeit des Relativitätsprinzips, d. h. die physikalische Äquivalenz aller Inertialsysteme, besteht in diesem Formalismus darin, dass wir jedes beliebige Inertialsystem für diese rein mathematische Sonderstellung auswählen könnten.

Ausschlaggebend für die Einfachheit bei der Diskussion der Paradoxa auf der Grundlage dieser Transformation ist der Umstand, dass in der zweiten Zeile von (6.56), der Zeittransformation, die Koordinaten x bzw. x' nicht vorkommen. Nur diese Gleichungen werden wir überhaupt brauchen.

Wir betrachten die in Kap. 3 beschriebene Zwillingsgeschichte, bei der Zwilling A die ganze Zeit in einem Inertialsystem Σ' ruht, während Bruder B im Verlauf der Reise das Inertialsystem wechselt. Wenn wir die Definition einer absoluten Gleichzeitigkeit zugrunde legen wollen, kann nur Σ' die Rolle des ausgezeichneten Systems übernehmen.

Bruder B ruht zunächst in einem Inertialsystem Σ_o. Zwilling A misst in seinem System Σ' für seinen Bruder B, solange dieser sich im System Σ_o aufhält, die Geschwindigkeit $-v$. Für die Reichenbach-Transformation wählen wir also Σ' als das ausgezeichnete System. In (6.56) müssen wir also die gestrichenen und die ungestrichenen Variablen vertauschen. Wir benötigen nur die Formeln für die in $\Sigma'(x', t')$ und $\Sigma_o(x, t)$ gemessenen Zeiten t' und t. Mit $k_v = \sqrt{1 - v^2/c^2}$ gilt dann,

$$t = t'\,k_v, \qquad \longleftrightarrow \qquad t' = \frac{t}{k_v}. \tag{6.57}$$

Für das Inertialsystem $\Sigma''(x'', t'')$, in welchem Bruder B dem Zwilling A mit einer Geschwindigkeit u nachreist, wobei $0 < v < u < c$, so dass er ihn einholen kann, gelten dann mit demselben ausgezeichneten System Σ' für die in $\Sigma'(x', t')$ und $\Sigma''(x'', t'')$ gemessenen Zeiten t' und t'' bei $k_u = \sqrt{1 - u^2/c^2}$ die Formeln

$$t'' = t' \, k_u, \qquad \longleftrightarrow \qquad t' = \frac{t''}{k_u}. \tag{6.58}$$

Im Unterschied zu der Situation auf der Grundlage der Einsteinschen Gleichzeitigkeit in der relativistischen Raum-Zeit gestaltet sich die richtige Beschreibung der Zeitabläufe unter Beachtung des Umsteigens von Bruder B von Σ_o nach Σ'' nun problemlos, da die Ortskoordinaten x oder x' in der Umrechnung von Zeitintervallen von einem Bezugssystem auf ein anderes nicht mehr vorkommen.

Wir schreiben für die auf der Uhr U^A von Zwilling A abgelaufene Zeit vor dem Umsteigen $\Delta t_1'$ und für die Zeit nach dem Umsteigen $\Delta t_2'$, so dass auf der Uhr U^A insgesamt eine Zeit Δt abläuft gemäß

$$t_A = \Delta t_1' + \Delta t_2'. \tag{6.59}$$

Gemäß (6.57) und (6.58) stellen dann beide Zwillingsbrüder übereinstimmend fest, dass auf der Uhr U^B von Bruder B die Zeit t_B abläuft,

$$t_B = \Delta t + \Delta t'' = \Delta t_1' \, k_v + \Delta t_2' \, k_u. \tag{6.60}$$

Über die daraus folgende Feststellung

$$t_B < t_A \tag{6.61}$$

und zwar für beliebiges u und v mit $0 < v < u < c$ gibt es keinen Streit.

Ein Paradoxon entsteht hier nicht.

Hinweise auf Experimente 7

Während der Michelson-Versuch mit seiner Erklärung der Kontraktion einer bewegten Länge, der die Relativitätstheorie praktisch aus der Taufe gehoben hatte, immer wieder neu ausgeführt und dabei auch verfeinert wurde, s. Kennedy und Thorndike (1932), musste der zweite der Fundamentaleffekte, die Verzögerung des Ganges einer bewegten Uhr – Einsteins Experimentum Crucis – über 30 Jahre auf seine Bestätigung warten.

Es soll also experimentell nachgewiesen werden, dass eine bewegte Uhr nachgeht, ihr Ticken langsamer, mithin, dass eine Frequenz kleiner wird.

Die unmittelbare Messgröße für die Zeitdilatation ist der sog. transversale Dopplereffekt, die Abhängigkeit der empfangenen Frequenz abgestrahlter Wellen von der Bewegung zwischen Sender und Empfänger, wie in Abb. 7.1 skizziert, vgl. Günther (1996, 2013, 2020), Günther und Müller (2020). Indem wir die Zeitdilatation über den transversalen Doppler-Effekt prüfen, ist unsere Messgenauigkeit an die von Frequenzmessungen gebunden.

Ein Sender S mit der Eigenfrequenz f ist eine Uhr (indem im Zustand der Ruhe die Zahl der Schwingungen gezählt und mit diesem Maß ein Zeiger angetrieben wird). Der Sender soll Wellen emittieren, die sich mit der Geschwindigkeit c auf einen Empfänger E zu bewegen. Jetzt soll sich der Sender, also die Uhr bewegen. Wenn die bewegte Uhr gemäß (2.5) nachgeht, vermindert sich ihre Frequenz $\overline{f}$,

$$\overline{f} = f\sqrt{1 - v^2/c^2}\,. \tag{7.1}$$

Der transversale Dopplereffekt ist die in Frequenzen gemessene Gangänderung einer Uhr	(7.2)

H. Günther, *Das Zwillingsparadoxon*, essentials,
https://doi.org/10.1007/978-3-658-31462-0_7

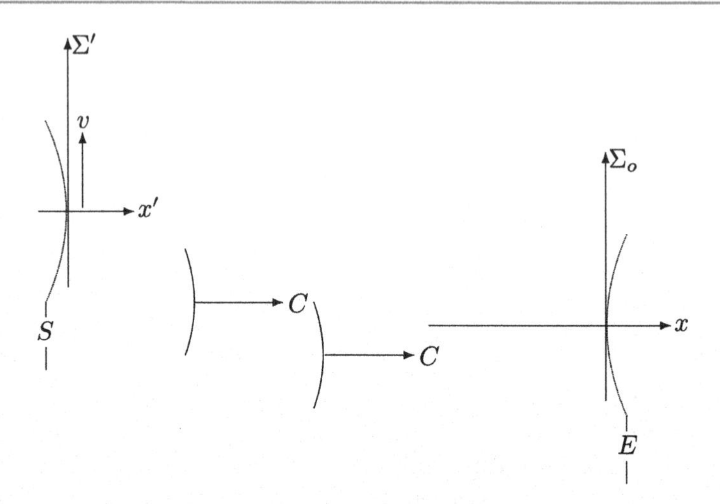

Abb. 7.1 Schematische Versuchsanordnung zum transversalen Doppler-Effekt

Bei der historischen Messung der Periode einer bewegten Uhr ist das schwingende System ein Wasserstoffatom, das in seinem eigenen Ruhsystem die rote Spektrallinie H_α mit der Eigenperiode $T_o = 2{,}1876 \cdot 10^{-15}\,\text{s}$ erzeugt. Werden die H-Atome in Kanalstrahlen bei einer hohen Geschwindigkeit v beobachtet, so wird stattdessen eine Schwingungsdauer $T_v = T_o \big/ \sqrt{1 - v^2/c^2}$ wirksam. Mit den zum ersten Mal in den Jahren 1938/1939 von H. J. Ives und G. J. Stilwell (1938/1939) durchgeführten Präzisionsexperimenten wurde die Zunahme der Periodendauer, mithin die Verminderung der Frequenz, durch eine Rotverschiebung der Spektrallinie bestätigt. Ferner waren die Experimente von G. Otting (1939) zum Nachweis dieses Effektes erfolgreich.

In Abb. 7.2 skizzieren wir einen weiteren Präzisionsversuch zum Nachweis von Gl. (7.1), für eine ausführliche Beschreibung vgl. Günther (2013).

Lassen die Ives-Stilwell-Experimente noch 1 % Abweichung von der Formel (7.1) zu, dann wird das durch die modernen Mößbauer-Experimente auf 0,001 % und späteren Angaben zufolge sogar auf 0,00001 % reduziert, vgl. R. Grieser et al. (1994).

Ein weiterer Test auf die Zeitdilatation besteht in der Beobachtung der Lebensdauer instabiler Teilchen bei hohen Geschwindigkeiten.

Und mit Hilfe der sog. Speicherring-Experimente erreichten Farley et al. (1966, 1968) eine sehr hohe Genauigkeit beim Nachweis der Zeitdilatation.

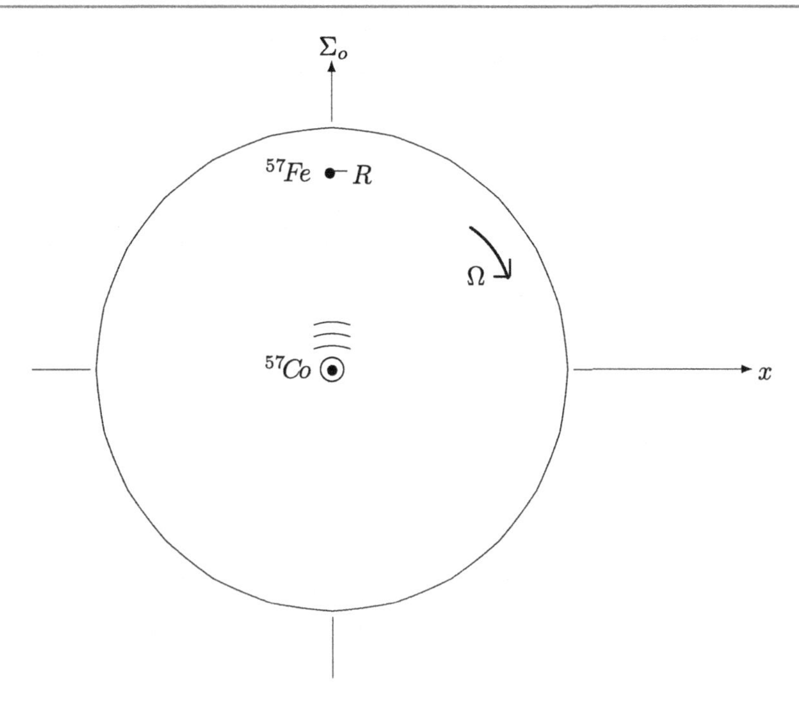

Abb. 7.2 Schematische Darstellung eines Versuches von D. C. Champeney et al. zum Nachweis der Zeitdilatation mit Hilfe eines Hochgeschwindigkeitsrotors. Die Quelle der γ-Quanten ist im Zentrum angeordnet und der Absorber in der Nähe des Randes. Die Rotationsgeschwindigkeit Ω führt auf Grund des transversalen Doppler-Effektes zu einer Reduzierung der Absorberfrequenz

Erratum zu: Das Zwillingsparadoxon

Erratum zu:
H. Günther, *Das Zwillingsparadoxon,* essentials,
https://doi.org/10.1007/978-3-658-31462-0

Die originale Version dieses Buches wurde mit den Abbildungen Abb. 1.3, Abb. 3.1, Abb. 4.1, Abb. 4.2 und Abb. 6.3 ohne Angaben über die Urheberin, Frau Christina Günther, publiziert. Diese Angabe ist nun ergänzend korrigiert.

Die korrigierten Versionen der Kapitel sind verfügbar unter
https://doi.org/10.1007/978-3-658-31462-0
https://doi.org/10.1007/978-3-658-31462-0_1
https://doi.org/10.1007/978-3-658-31462-0_3
https://doi.org/10.1007/978-3-658-31462-0_4
https://doi.org/10.1007/978-3-658-31462-0_6

H. Günther, *Das Zwillingsparadoxon,* essentials,
https://doi.org/10.1007/978-3-658-31462-0_8

Was Sie aus diesem *essential* mitnehmen können

- Wir verstehen die Gangverzögerung einer bewegten Uhr und können daraus auch auf die Verkürzung einer bewegten Länge schließen
- Wir lernen, dass die Gleichzeitigkeit eine Definition ist, die wir also einem Problem anpassen können
- Wir verstehen die Spezielle Relativitätstheorie (SRT)
- Wir lernen die Lorentz-Transformation kennen
- Wir berechnen den Uhrenvergleich der Zwillinge im Formalismus der Speziellen Relativitätstheorie
- Das Zwillingsparadoxon erklären wir außerdem allein aus dem Nachgehen bewegter Uhren. Der Formalismus der SRT ist dabei nicht erforderlich
- Wir sehen, wie Einstein die Gleichzeitigkeit definiert hat
- Wir finden Einsteins berühmtes Additionstheorem der Geschwindigkeiten
- Wir verstehen die Lichtgeschwindigkeit als Grenzgeschwindigkeit
- Wir machen auf Überlichtgeschwindigkeiten aufmerksam und auf die sog. Tachyonen
- Wir lernen den transversalen Doppler-Effekt und seine messtechnische Bedeutung kennen
- Wir skizzieren das berühmte Experiment von Champeney zum Nachweis der Zeitdilatation

H. Günther, *Das Zwillingsparadoxon*, essentials,
https://doi.org/10.1007/978-3-658-31462-0

Literatur

Alvänger, T., F. J. M. Farley, J. Kjellman and J. Wallin: *Test of the Second Postulate of Special Relativity in the GeV Region*. Phys. Lett., **12** (1964) 260.

Champeney, D., Isaak, G.R. and Khan, A.M.: *A time dilatation experiment based on the Mössbauer effect*. Proc. Phys. Soc. (London) **85** (1965) 583.

Einstein, A.: *Zur Elektrodynamik bewegter Körper*. Ann. Phys. (Lpz.) **17** (1905) 891. Abgedruckt in Lorentz, H. A., Einstein, A., Minkowski, H.: *Das Relativitätsprinzip*. Stuttgart: Teubner-Verlag 1958, 1. Auflage 1913.

Einstein, A.: *Über die spezielle und die allgemeine Relativitätstheorie*. Braunschweig: Vieweg-Verlag 1917, Berlin, Heidelberg: Springer-Verlag, 24. Edition 2009.

Einstein, A.: *The Meaning of Relativity*: Princeton: University Press, (N. J.) 1921. Deutsch: *Vier Vorlesungen über Relativitätstheorie*. Braunschweig: Vieweg&Sohn 1922.

Einstein, A.: *Grundzüge der Relativitätstheorie*. Berlin Heidelberg: Springer-Verlag 2002, 2009, Berlin: Akademie-Verlag 1969, Oxford: Pergamon Press, 1. Aufl. 1922. Braunschweig: Vieweg & Sohn .

Farley, F. J. M., J. Bailey, Brown, R. C. A. et al.: *The anomalous magnetic moment of the negative myon*. N. Cim. **45** (1966) 281.

Farley, F. J. M., J. Bailey and E. Picasso: *Is the Special Theory Right or Wrong? Experimental Verification of the Theory of Relativity*. Nature **217** (1968) 17.

R. Feynman, R. Leighton and M. Sands: *The Feynman Lectures on Physics*. London · Massachusetts · Palo Alto: Addison-Wesley Publ. Comp. Inc. 1964. Copyright 1963. Vol.I Chap.15, p.6.

FitzGerald, G. F.: *The Ether and the Earths Atmosphere*. Letter to the editor. Science, **13** (1889) 390.

R. Grieser, Klein, R., Huber, C., Dickopf, S., Klaft, I., Knobloch, P., Merz, P., Albrecht, F., Grieser, M., Habs, D., Schwalm, D., Kühl, T.: *A test of special relativity wirth stored lithium ions*. Applied Physics B Lasers and Optics **59** No.2 (1994) 127–133.

Günther, H.: *Grenzgeschwindigkeiten and ihre Paradoxa. Gitter · Äther · Relativität.* Stuttgart · Leipzig: Teubner-Verlag 1996.

Günther, H.: *Starthilfe Relativitätstheorie. Ein neuer Zugang in Einsteins Welt.* Stuttgart · Leipzig · Wiesbaden: Vieweg+Teubner, 2. Auflage 2004.

H. Günther, *Das Zwillingsparadoxon*, essentials,
https://doi.org/10.1007/978-3-658-31462-0

Günther, H.: *Die Spezielle Relativitätstheorie. Einsteins Welt in einer neuen Axiomatik.* Wiesbaden: Springer Fachmedien 2013.

Günther, H.: *Elementary Approach to Special Relativity.* Singapore: Springer Nature 2020.

Günther, H. and V. Müller: *The Special Theory of Relativity. Einstein's World in New Axiomatics.* Singapore: Springer Nature 2019.

Günther, H. und V. Müller: *Doppler-Effekt und Rotverschiebung – Klassische Theorie und Einsteinsche Effekte.* Wiesbaden: Springer-Essential Fachmedien. Springer Nature 2020.

Hehl, F. W. and E. Kröner: *Zum Materialgesetz eines elastischen Mediums mit Momentenspannungen* Z. Naturf. **20**a Heft 3 (1965) 336.

Hafele, J. C. and R. E. Keating: *Around-the-World Atomic Clocks: Predicted Relativistic Time Gains.* Science **177** (1972) 166.

Ignatowski, W. v.: *Einige allgemeine Bemerkungen zum Relativitätsprinzip*: Verh. Dt. Phys. Ges. **12** (1910) 788.

Ives, H. J. and G. J. Stilwell: *An Experimental Study of the Rate of a Moving Atomic Clock.* Journ. Opt. Soc. **28** (1938) 215, **29** (1939) 183, 294.

Kant, I.: *Kritik der reinen Vernunft.* Frankfurt am Main: Suhrkamp 1977.

Kennedy, R. J. and E. M. Thorndike: *Experimental Establishment of the Relativity of Time.* Phys. Rev. **42** (1932) 400.

Kröner, E.: *Kontinuumstheorie der Versetzungen und Eigenspannungen.* Berlin · Göttingen · Heidelberg: Springer-Verlag 1958.

Lange, L.: *Über das Beharrungsgesetz.* Ber. d. Königl. Sächsischen Ges. d. Wiss. Leipzig. Mathematisch Physikalische Klasse **37** (1885) 333.

Lorentz, H. A.: *De relatieve bewegung van de aarde en den aether.* Versl. K. Ak. Amsterdam: **1** (1892) 74; Coll. Papers, ed. M. Nijhoff, **4** (1939) 219. Engl. Translation:*The Relative Motion of the Earth and the Ether.* Abgedruckt in: https://en.wikisource.org.wiki.

Lorentz, H. A.: *Electromagnetic phenomena in a system moving with any velocity smaller than that of light.* Amsterdam: Proceedings Acad Sc. **6** (1904) 809. Dt. Übersetzung: *Elektromagnetische Erscheinungen in einem System, das sich mit beliebiger, die des Lichtes nicht erreichender Geschwindigkeit bewegt.* Abgedruckt in: Lorentz, H. A., Einstein, A. Minkowski, H.

Lorentz, H. A., Einstein, A. Minkowski, H.: *Das Relativitätsprinzip.* Stuttgart: Teubner-Verlag 1958, 1. Auflage 1913.

Minkowski, H.: *Raum und Zeit.* Vortrag, gehalten auf der 80. Naturforscher-Versammlung zu Köln, 1908. Abgedruckt in: Lorentz, H. A., A. Einstein, A. Minkowski.

Otting, G.: *Der quadratische Dopplereffekt.* Dissertation München 1939. Phys. Z., **40** (1939) 681.

Pais, A.: *„Subtle is the Lord ... The Science and the Life of Albert Einstein.'.* Oxford: University Press 1982.

Poincaré, H.: *La mesure du temps.* Rev. Métaphys. Morale **6** (1898). Diese Pionierarbeit von H. Poincaré zur Analyse des Zeitbegriffes erscheint erstmals in der deutschen Übersetzung 1906 bei Teubner als Kap.2 des Buches *Der Wert der Wissenschaft*, (2.Aufl. 1910, 3.Aufl. 1921).

Poincaré, H.: *Sechs Vorträge aus der Reinen Mathematik und Mathematischen Physik.* Leipzig: Teubner-Verlag 1910.

Reichenbach, H.: *Philosophie der Raum-Zeit-Lehre.* Gesammelte Werke, Bd.2. Braunschweig: Vieweg-Verlag 1977.

Roberts, T. J.: *An Explanation of Dayton Millers Anomalous „Ether Drift“ Result.* http://arxiv.org/abs/physics/0608238[physics.class-ph 2006.

Seeger, A.: *Zur Dynamik von Versetzungen in Gitterreihen mit verschiedenen Gitterkonstanten.* Dipl. Arbeit. Techn. Hochschule Stuttgart 1949.

Thirring, W: *Lehrbuch der Mathematischen Physik. Band 1 Klassische Dynamische Systeme.* Wien · N. Y.: Springer-Verlag 1988.

Printed in the United States
by Baker & Taylor Publisher Services